海洋科学家手记

第三辑

刘文菁　王　沛 ｜ 主编

Notes of Marine Scientists

Vol. 3

中国海洋大学出版社

·青岛·

编创团队

编委会

主　　任：王　建　青岛市科学技术协会党组书记、主席

　　　　　秦云鹏　青岛市科学技术协会党组成员、副主席

副 主 任：齐继光　青岛海洋科技馆馆长

　　　　　王云忠　青岛海洋科技馆书记

　　　　　刘文菁　中国海洋大学出版社书记、社长

　　　　　纪丽真　中国海洋大学出版社副总编辑

　　　　　刘大磊　青岛海洋科技馆副馆长

委　　员：徐永成　王　沛　郭嘉瑱

编辑委员会

主　　任：刘文菁

副 主 任：纪丽真

成　　员：郭嘉瑱　曲益静　高 岩　王 萌　于红梅　李 杰

　　　　　孙 爽　韩 涵　李学伦　李建筑　魏建功　徐永成

　　　　　赵孟欣　姜佳君　王 晓　张跃飞　孙玉苗　李子牛

　　　　　孙宇菲

序

海洋，是大自然赐予人类的蓝色瑰宝，也是人类赖以生存的共同家园。我国是人口最多的海洋大国，海洋权益对我国未来可持续发展极为重要。提升海洋安全保障能力、海洋治理能力、海洋开发利用能力以及分享全球海洋利益能力等已成为我国海洋科学技术领域的重大挑战。党的二十大报告提出："发展海洋经济，保护海洋生态环境，加快建设海洋强国。"

经过 20 世纪八九十年代的"海洋大科学"研究，尤其是全球海洋观测系统、海洋科学钻探、热液海洋过程及其生态系统、海洋生物多样性、海岸带综合管理等领域的研究发展，海洋科学技术发展为一个庞大的学科群。依海而立的青岛是海洋科技名城。在这里，聚集着全国 30% 以上的海洋教学和研究机构、40% 以上的海洋专家学者、50% 以上的海洋教学研究力量、70% 的涉海高级专家和院士。长期以来，他们敢为人先、矢志报国、勇攀高峰，用一个个科学发现、技术发明和原创成果，使我国海洋科技创新的天空中繁星闪烁。

《海洋科学家手记》(第三辑)中，科学家以他们的所见、所历、所感、所想为视角，以自述这一通俗、生动、活泼的形式，向读者介绍踏上科技创新之路的缘由，讲述科学探索和技术攻关中的故事和趣闻，分享对海洋科研的独特理解和深厚情怀。《海洋科学家手记》(第三辑)共收入 11 位科学家的手记，例如，海水淡化膜分离技术的专家高从堦院士，以基因技术力促我国鱼类养殖业发展的陈松林院士，两位海洋领域的"80 后"青年学者陈朝晖和张琳琳……通过该书，读者不仅能了解海洋科学领域的新知识、新理念，接触海洋科技的新成果、新方向，更能感受到海洋科学家爱国、创新、求实、奉献、协同、育人的新时代科学家精神，领略他们胸怀祖国、乐于奉献、淡泊名利的高尚情操和优秀品质。

希望该书的出版，能够丰富青少年优质海洋科普图书供给，鼓励广大青少年更加关心海洋、亲近海洋、了解海洋，进而在他们心中埋下好奇、求知、探索、创新、创造的科学精神的种子；在科学家与公众中架设桥梁，引导青少年树立正确的海洋观，树牢海洋意识，提升海洋科学素养；鼓舞我国新时代青年科技工作者潜心科研、成长成才，围绕国家和地方发展重大战略需求，在更广领域、更深层次、更大范围内催生更多原创性、基础性、关键性成果。更希望以该书为载体，助力我国科学文化建设，促进科学与经济、科学与社会、科学与生活的深入交融，在全社会营造尊重科学、尊重人才、崇尚创新的浓厚氛围，为海洋强国建设凝聚磅礴之力，为我国社会经济高质量发展铸造强劲的科研、科普双翼！

中国工程院院士

2022 年 9 月

目　录

心之所向，素履以往

化学工程专家 高从堦

科学家简介

高从堦，中国工程院院士，化学工程专家，主要从事膜分离与水处理研究。1965 年毕业于山东海洋学院。先后在国家海洋局第一和第二海洋研究所、国家海洋局杭州水处理技术研究开发中心和浙江工业大学工作。现任中国海水淡化和水再利用学会及浙江省膜学会名誉理事长。高从堦院士长期从事海水综合利用及膜分离领域的研究与开发工作，先后完成多项国家、浙江省和国家海洋局重点项目；负责与完成国家重大科技计划、国家 973 项目、国家 863 项目和国家自然科学基金重点项目等。1993 年获 "国家有突出贡献的中青年专家" 称号，曾获国家科技进步一等奖，何梁何利科技进步奖，浙江省科技重大贡献奖，以及省部级科技进步一、二、三 等奖 10 多项，发表论文 500 余篇，出版膜分离与海水淡化领域专著 7 部，培养了近 100 名膜分离与水科学领域的博士和硕士，现在还进行膜与优先选择、促进传递、反应和催化、膜与（水）资源、环境、清洁生产和传统产业改造等方面的相关工作。

结缘海洋科学研究

到了耄耋之年，忽然要回望自己生命的起点，是一件很奇妙的事情。"生如逆旅，一苇以航"，如果要说是什么承载着我渡过人生的漫漫长河，我的答案一定是知识。从少小时的家国动荡，到青年时艰苦求学，再到科研路上的不停探索，正是怀着对世界的无限好奇，我才能驶向更加广阔的境地。也正因如此，我才能够在特定的领域内做出些许成绩。

1942 年 11 月，我出生在山东即墨西元庄的一家普通农户。彼时战火未歇，人们的生活处于动荡之中。即使如此，我的姐姐仍然坚持送我进学校接受教育。因此，我在六岁时幸运地进入了当地的旧小学学习。1949 年 5 月，即墨解放，我紧接着踏入新式教育的学堂。朝鲜战争后期，美国为了挽救颓势，对中朝部队使用了细菌弹，并于 1952 年对我国东北、青岛等地区疯狂撒布带菌的污物和毒虫。对此，我一边努力学习，一边参与反战的活动，极大地磨炼了我年幼时的心性。

初中期间，因为参加青岛少年夏令营的缘故，我第一次与海洋有了比较深刻的接触。那时我学会了在大海中游泳，初步学习了海洋知识、船舰模型制作和绘画等，没想到为我此后选择海洋科研这条路埋下了伏笔。此后，我考入了青岛市第九中学，在那里逐步探索我的志趣和理想。在高中化学老师的启蒙下，我一开始将北京化工学院作为我的目标。当时，我每天都要走数千米的路程上学，却丝毫不觉得劳累，胸中充盈着要参与建设祖国的豪气。此后还经历了三年困难时期，没有足够的物质支持，但为了理想也咬牙坚持了下来。

然而，因为家庭的原因，我还是与北京化工学院失之交臂。回想起此前在夏令营的经历，我最终怀着对海洋的好奇与向往选择了彼时的山东海洋学院，自此开启了我为之倾注一生的事业。这段少时的经历带着一点奇妙的色彩，又暗藏着命运般的指引，使我通向人生的无限可能。

1960 年秋天，我以优异的成绩进入山东海洋学院化学系，正式开始了对学术理想的不懈追求。回想当时的岁月，困苦和激情是并存的。面对物资的匮乏，我和同学们发扬"自己动手、丰衣足食"的延安精神，到青岛郊区的棘洪滩村安营扎寨、打井垦荒，进行抗灾斗争。越是在这样的环境下，大家的热情越是高涨，誓要学得一身本事，努力改变祖国的风貌。作为化学系的学习股长，我所能做的就是更加积极地带领和动员同学们学好每一门课程。

问道海洋，迎难而上

大学期间，对我影响最大的老师是当时化学系的系主任闵学颐教授，他也是我在科研路上极其重要的引路人。20 世纪 60 年代初，美国加利福尼亚大学的科学家索里拉金（Sourirajan）和劳勃（Loeb）在海水淡化的研究课题上取得了重要突破。他们使用醋酸纤维素研制出世界上第一张可工业应用的反渗透膜，脱盐率可以达到 98%。闵教授敏锐地察觉到膜技术是海水淡化发展的新方向，也是海洋化学发展的新动向，因此立刻着手组建海洋化学的人才队伍，开展海水淡化反渗透膜的研究，属国内最先。我有幸通过闵教授接触到这个课题，初步了解了我国的膜法海水淡化技术研究。闵教授治学的严谨给我留下了很深刻的印象，正是在他孜孜不倦的敦促下，我经受了严格的学术历练，算是正式踏出了探索科研的第一步。

带着这份宝贵的经验和 身的冲劲，我在毕业后进入了国家海洋局第一研究所海洋化学研究室，开始以学术研究为志向。当时海水淡化技术正为国家所急需，尤其是军队。这和我所受的科研训练正好相符。一切都朝着积极的方向发展，我也正要在潜力无限的科研领域一展拳脚。然而，意外却比明天更先到来。在研究正式起步之前，"文化大革命"开始了，研究工作被迫暂停，学校、科研院所的领导和教师也受到影响。这对我来说影响也很大，希望仿佛在狂风中的烛火般瞬间熄灭。

天无绝人之路，国家并未因此放弃海水淡化研究。1967年8月，国家科学技术委员会决定在全国开展海水淡化会战，提出"海水淡化很重要，要研究解决"，委托国家海洋局组织全国范围内的科研力量打响这场"战役"。作为国家海洋局第一海洋研究所的实习研究员，我有幸成为其中一名参与者，加入了这场轰轰烈烈的科研活动中。全国多系统、多专业，包括水处理和分析化学、材料化学、流体力学等学科的科研人员被组织了起来，共同攻坚克难，我则被分配到青岛进行反渗透膜的研究与开发。

所谓的反渗透膜，简单来说就是制作一张特殊的滤网，将水中的溶解盐类、胶体、微生物和有机物等滤除，从而把海水转化成为淡水。这虽然听起来不复杂，却是一整套、全流程的技术研发工作。从前期反渗透资料的收集和评价，到膜材料的选择、膜的制备配方和成膜

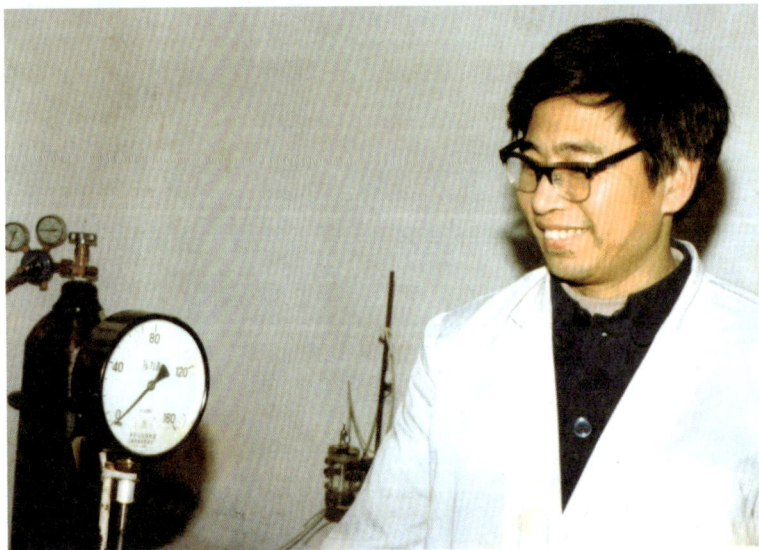

高从堦在实验室

工艺、膜性能的测试设备和评价方法，再到膜尺寸的放大、关键设备的选择和加工，最终到小型样机的设计、加工、测试和现场运作，处处都充满了未知数。研究成功的唯一途径就是和同事们夜以继日地投入重复的实验。这个过程虽然枯燥，也常常伴随着挫败感，但对我的成长有极大的帮助。

"功夫不负有心人。" 1968年初，我们成功研制出了高性能的醋酸纤维不对称反渗透膜，脱盐率96%以上，这首先实现了我国海水淡化反渗透膜从无到有的目标。这无疑是一项振奋人心的成果，我们

甚至科研圈的同人都为之兴奋。有了关键技术的支撑，此后的问题也随之逐个击破。没有建造海水淡化器的经验，就不断试错和实验，完成了反渗透法脱盐日产1吨淡水的板式海水淡化器的技术设计；没有材料，就四处寻找合适的小型泵厂，用简单的材料自己设计和加工，终于在1969年初研制出了海水淡化样机，继续历经半年的运转实验。经此一"役"，我终于能够自信地称呼自己为一名科学研究者，以自身的才智和努力为我国科研事业添砖加瓦。

步履未歇，一往无前

淡化"会战"告一段落，我所在的团队也算幸不辱命。但是，和电渗析研究相比，反渗透膜方面的研究只能算刚刚起步，还有更长的路要走。当时，按照国家海洋局的规划，位于杭州的第二海洋研究所人员重组，并专门成立了一个海水淡化

研究室。我和同事们根据组织的调动来到了这里，继续未完成的事业。

为了更好地了解国外研究的实际情况，我不断学习提高自己的英语水平和日语水平，为研究所提供更多有价值的研究资料。1974年，时任第二海洋研究所副

所长的石松研究员推荐我担任"中空纤维反渗透膜和组器研究"课题的负责人。我带领4名同事开展这项研究，决定在我国开展三醋酸纤维素（CTA）中空纤维形成的热致相分离研究，当时在国内尚属首例。这也意味着摆在我们面前的未知和障碍是难以避免的。研究没有捷径，只能持续不断地"硬啃"。

我和同事们一起，克服资料少、原料短缺、设备落后等困难，对热致相分离过程中熔化、挤出、蒸发、降温、分相、收集拉伸、热处理及膜的致密层取向和控制等方面，进行了逐一探讨和分析，通过一次又一次的反复实验和测试，终于摸索出了合适的助熔剂、添加剂以及压力式进料挤出、分段变温加热熔融、挤出后蒸发和降温的调控、膜分相和取向结构保证等条件。而这一干就是8年的时间。8年后，随着改革开放序幕的拉开，我国海水淡化研究的发展也进入了繁荣期。其中，就包括我和同事们一起取得的成就：使CTA中空纤维反渗透膜和组器研制成功并实用化，其性能与当时国际同类产品相当。也就是说，在纯水制备和苦咸水淡化的领域，我国有了相比国外效果更好、价格更低的产品。

成果固然可喜，但是对于技术创新的探索是永无止境的。1982年2月，我以访问学者的身份前往加拿大滑铁卢大学进修学习，对国际前沿的科研问题进行了深入的学习和研究。回国后，我根据所学，紧锣密鼓地申报并承担国家回国人员科技活动资助项目"荷电膜及性能研究"，探究我国膜技术的创新发展路径。这个项目最终荣获1990年度浙江省和国家海洋局科技进步三等奖。1984年，被评为副研究员的我主持了国家科技攻关项目"中盐度苦咸水淡化用反渗透膜及组器研究"，在此前研究成果的基础上进一步提升了CTA中空纤维反渗透膜和组器的性能，这使我获得了从海洋局到国家级的各项荣誉，可以说是我人生中的"高光时刻"。

当然，这也仅仅是另一段路程的开端。我的科研事业一直都围绕着水淡化的一张"膜"，如何提高这张膜的性能和应用性是我不断探索的课题。20世纪80年代后期，我将精力倾注到芳香族聚酰胺反

在加拿大滑铁卢大学访问期间的高从堦

渗透复合膜的相关研究中，在国家自然科学基金项目资助下，我与同事们完全凭借自主探索，与上海焦化厂研究所合作，合成了界面聚合成膜的关键单体——均苯三甲酰氯，在此基础上制出了国内第一张小试的芳香族聚酰胺反渗透复合膜。在这项技术的支持下，我们在国内最先建立了芳香族聚酰胺反渗透复合膜中试生产线，并不断改进完善设备和工艺参数，顺利完成了复合膜的放大试验，为其工业化放大奠定了良好的基础。以此为样板，我与团队根据不同工业的需求，不断为工业现代化提供更好的解决方案。

心怀社会，持续发热

1995 年，我国正式提出实施科教兴国发展战略，科技发展的重要性越来越得到强调。也正是在这一年，53 岁的我有幸当选为中国工程院院士。几十年的光阴弹指一瞬，从战火中的农村走出来的孩子能够跻身中国科学界最负盛名的殿堂，不免令人感慨。然而，这个身份有沉甸甸的荣誉，也意味着身负重大的责任。和过去一样，我依然活跃在膜技术研究的第一线，和同事和学生们一同查阅文献、开展实验、探讨观点，不断地研究、发现问题、再研究，直到解决问题。在实验室仪器出现故障时，往往是我自己骑自行车载着仪器去维修。

1997 年，我国第一座日产 500 吨反渗透海水淡化工程在浙江嵊泗建成。这实现了我投身科研最本真的初心：解决人们的用水困难，造福一方人民。带着更加厚重的期许和盼望，我在国家高技术研究发展计划（863 计划）、国家重点基础研究发展计划（973 计划）等项目资助下，带

领团队成员继续探索膜技术的创新和应用，在合成多种新型复合膜材料、开发超滤＋纳滤软化海水工艺、双极膜的推广应用等方面不断推陈出新。在研究之外，我还承担了多项国家有关膜技术、海水淡化和水资源的咨询论证工作，助力我国科技事业更好更快发展。

作为一名研究者、教师，更是一位社会公民，我深知自己能做的仍然有限，只能在自己能力范围内更大限度地服务国家和社会。

截至 2017 年底，全国已建成海水淡

高从堦在 2008 年海水淡化及水再利用国际会议上讲话

化工程 136 个，工程规模 118.91 万吨 / 日。其中，应用反渗透技术的工程 117 个，工程规模 81.36 万吨 / 日，占全国工程规模的 68.42%。国产海水淡化膜组器性能取得较大提升，建成了反渗透复合膜生产线，已成功应用于万吨级反渗透海水淡化示范工程；开发出与国外产品性能相当的高压泵并得到工程化应用；反渗透膜壳的生产已形成规模，占据国内大部分市场，并出口到国外。这对科研人员来说，无疑是最好的回馈。

　　文字有限，似乎不足以完全讲述我生命中所有的曲折和收获，但说到最后，我的科研生涯以一句话概括：为一张科技"膜"奉献一生。如今，海水淡化和膜技术依旧繁荣发展，也涌现出了一批又一批科技人才，为造福广大人民倾注心力。虽然已至高龄，我仍然要保持聪敏的耳目，继续见证我国科学事业的腾飞。

检查生产线时的高从堦

基因密钥，开启水产宝库

水产生物技术专家 陈松林

科学家简介

陈松林，中国工程院院士、中国水产科学研究院水产生物技术领域首席科学家、黄海水产研究所研究员、山东省海洋渔业生物技术与遗传育种重点实验室主任、海水养殖生物育种与可持续产出全国重点实验室主任。

陈松林院士潜心研究水产生物技术39年，在鱼类种质冷冻保存、基因组解析、性别控制与抗病基因组选择育种技术研发及良种创制等方面取得多项达国际领先的技术成果。先后获得国家技术发明二等奖2项（排名1）、国家科技进步二等奖1项（排名2）、中华农业科技奖一等奖3项。第一完成人授权发明专利40项，第一和通讯作者发表SCI论文220多篇，包括 *Nature Genetics* 论文2篇，育成新品种4个。在实际生产应用中，他为水产企业突破了重重难关，将渔业科技创新与水产养殖实践紧密结合，打破了育种技术瓶颈，给产业发展带来了希望。1992年获第三届中国青年科技奖，1993年获政府特殊津贴，2002年被聘为中国水产科学研究院水产生物技术领域首席科学家，2005年获山东省有突出贡献中青年专家，2007年被聘为山东省泰山学者特聘专家；2009年获中国水产科学研究院科技服务与推广工作先进个人称号；所取得的各项位居世界先进水平的科技成果，为我国海水鱼类生物技术和遗传育种研究跻身国际前列做出突出贡献。陈松林先后荣获第十二届光华工程科技奖、全国首届创新争先奖、第四届中华农业英才奖、第三届中国青年科技奖、全国优秀科技工作者、中华农业科技奖优秀创新团队奖等多项荣誉称号。2014年入选科学中国人，并从山东省泰山学者特聘专家晋升为泰山学者攀登计划专家。2021年，陈松林当选为中国工程院院士。

结缘海洋科学研究

1977 年，恢复高考的喜讯如同一声春雷传遍大江南北。生长在长江边武汉市的我参加了这一场"文化大革命"后的首次高考，并且幸运地拿到了大学录取通知书。但是，国家分配的院校是上海水产学院，这一度让我有些茫然。说实话，我那时连"水产"是什么都不知道。但我明白，只要国家有需要，我定当全力以赴！就这样，误打误撞与鱼结缘，进入了自己不熟悉的水产领域。上大学的机会来之不易，我自当非常珍惜。在校期间，我发奋读书，因为只有打下扎实的专业基础，才能有所创新，也正是这份刻苦与求知欲，使得我从最初对水产知识的茫然，到了解，再到热爱。

1982 年，大学毕业后，我进入中国水产科学研究院长江水产研究所，从事鱼类生殖生理和繁殖技术研究。长期以来，我国鱼类养殖业存在许多短板，面临诸多技术瓶颈。种质退化、缺乏种质保存技术、病害频发等问题，严重影响了鱼类养殖业可持续发展。长江葛洲坝工程兴建后，使大型鱼类中华鲟的生殖洄游通道受阻，为使这一珍稀鱼类得以延续和增殖，湖北组织全国有关水产科研单位进行攻关。1987 年，我作为主要参与者完成的"葛洲坝下中华鲟人工繁殖的研究"成果，获湖北省科技进步一等奖。也是在这一年，我遇到了人生的另一个转折点，27 岁的我被公派到法国农科院鱼类生理实验室和法国雷恩第一大学进修，师从国际著名鱼类内分泌学家 B.Breton 教授。这是我第一次接受国外的教育，体验国外的科研环境和模式，在那个年代的中国，这种出国学习的机会少之又少，因此我既激动又紧张。唯有前进和努力才能将这次机会的效益最大化，才能学到最多，收获最多，报效祖国。在导师的悉心指导下，凭着自己的刻苦钻研和夜以继日的工作，在 1 年多的时间里圆满完成了大鳞大麻哈鱼促甲状腺素分离与纯化的研究课题，恩师对我的工作非常满意，让我转读了博士学位，承认我在 1 年多时间里完成的研究工作达到了法国博士学位论文的要求，同意我在回国后撰写博士论文并于 1990 年回法国进行博士论文答辩。1989 年 4 月，我回国参加国家科技攻关项目的研究。但非常遗憾的是，由于种种原因，我未能回法国进行博士论文答辩。

留学归来，报效祖国

在国外，虽然科研条件、工作待遇等方面都非常优越，但我回国发展的决心从未改变。我当时的想法很明确，一定要学成回国，把学到的东西尽快转化为国内急需的育种技术，对国家有所贡献。1997 年，作为高级访问学者，我又赴德国开启了我的第二次海外求学之旅。近 3 年的时间，我不仅承担并完成了有关鱼类胚胎干细胞培养和基因工程的课题研究，还关注着国际上有关动物抗病免疫基因的研究动向，思考着回国后采用基因技术培育抗病鱼类优良品种的思路和对策。此次留学我用先进的知识和技术将自己武装了起来，蓄势待发。

2000 年，我完成了 3 年的访问交流和合作研究后回国，来到位于青岛的黄海水产研究所，担任农业部海洋渔业资源可持续利用重点开放实验室副主任。万事开头难，一切都得从零开始。没有实验室，我们便想方设法将废弃的资料室改装成实验室；没有仪器设备，就千方百计申请经费从国外引进。非常感谢那时唐启升、林浩然两位中国工程院院士的帮助与指导，以及与我一起从零开始建设实验室的团队，有他们才有我们现在的振翅腾飞。

在进行鱼类胚胎干细胞原代培养的那些日子里，我经常一个人通宵达旦地做细胞分离和原代培养的实验。经过 100 多天的日夜奋战，我国首个鱼类胚胎干细胞系——花鲈胚胎干细胞系建立成功。从

国外访学时的陈松林

此，我国海水鱼类胚胎（干）细胞培养的研究就揭开了新的一页。随后，我又相继申请获得了国家自然科学基金和863项目的支持，与团队一起先后建立了真鲷、牙鲆、大菱鲆和半滑舌鳎等海水鱼类细胞系共计25个，建立了国内外最多的鱼类细胞系。我主编出版的《鱼类细胞培养理论与技术》一书是该领域的首部专著，在国内外产生了重要影响。我们将建立起的细胞系无偿提供给中国科学院水生生物研究所、上海海洋大学等单位的专家学者使用，希望推动我国在鱼类细胞培养和免疫基因发掘领域的研究进程。

基因技术打造鱼类宝库

鱼类精子库、细胞库是保存鱼类种质的重要手段。20世纪80年代，我国在鱼类精子、胚胎冷冻保存和细胞系建立上相当薄弱，缺乏鱼类种质冷冻保存的有效技术。因此在开展细胞培养研究的同时，我始终未忘记开展我国鱼类精子和胚胎冷冻保存研究的重要性和迫切性。从淡水"游向"海洋，给了我更多的机会。

半滑舌鳎是我国海水养殖鱼类的主导品种，其味道鲜美、营养丰富、生长快速，深受养殖户和消费者喜爱。但半滑舌鳎有个特点，即雌、雄个体生长差异巨大，雌性比雄性生长快2～4倍，"阴盛阳衰"现象非常突出。经过1年多的养殖后，雌鱼可达到1斤多，而雄鱼只有2～4两，且在养殖苗种中，发现雄鱼比例通常占70%～90%，生理雌鱼比例仅占10%～30%。为什么雄鱼长不大？为什么养殖群体中的生理雄鱼比例高达70%～90%？这些问题不断"敲击"着我的大脑，成为我们要回答和解决的重大科技问题。

随着人类基因组计划的完成和基因组测序技术的快速发展，鱼类基因资源发掘也成为国际竞争的焦点。谁占有了水产基因资源，谁就抓住了发展的先机，谁就占据了科研的主动权。与时俱进、抢抓机遇，从2002年开始，我就开始了海洋鱼类基因资源发掘的课题研究。10多年来，我带领研究团队克隆和表征了海水鱼类抗病、生长和性别相关功能基因100多个，发掘了30多种海水鱼类的多态性微卫星标记4000多个，为海水鱼类种质鉴定、性别控制和良种培育提供了丰富的基因资源。我申请承担了国家海洋863课题，建立了20多种海水鱼类精子冷冻保存技术和冷冻精子库，解决了海水鱼类种质保存和遗传育种中缺乏冷冻精子的难题。特别是，带领团队成功建立了海水鱼类胚胎玻璃化冷冻保存技术，首次在液氮温区获得了冷冻后复活的牙鲆胚胎并孵化出鱼苗，使我国在该领域的研究跃居国际领先水平。目前，精子冷冻技术已在牙鲆、半滑舌鳎和石斑鱼等多种鱼的良种培育以及苗种规模化繁育中进行了产业化应用，产生了显著的经济和社会效益。我们率先筛选到半滑舌鳎雌性特异 AFLP 分子标记，建立了遗传性别鉴定技术，发展了半滑舌鳎人工催产和授精技术，为半滑舌鳎规模化、定量化苗种繁育提供了有效的技术手段。

脊椎动物性染色体的起源和进化以及性别决定机制一直是生物学界的研究热点，半滑舌鳎的性别决定类型为 ZW/ZZ 型，雌性具有巨大的异形性染色体（W 染色体）。且雌性比雄性大 2～4 倍，是目前发现的雌雄生长差异最大的鱼种之一。半滑舌鳎性染色体分化程度大，雌雄表型差异显著，使之成为研究脊椎动物性染色体进化和表型分化的理想模型。鉴于此，在黄海水产研究所唐启升院士的支持下，由我牵头、联合深圳华大基因研究院和德国维尔茨堡大学启动了海水鲆鲽鱼类半滑舌鳎全基因组测序项目的研究，经过 4 年多的联合攻关，该项目于 2013 年取得重大突破。我们首次完成了世界上第一个比目鱼类全基因组精细图谱构建，这也是我国完成的第一个鱼类全基因组精细图谱。在此基础上，我们发现半滑舌鳎性和鸡性染色体的趋同进化现象，发现半滑舌鳎 dmrt1 基因是 Z 染色体连锁、雄性特异表达、精巢发育必不可少的关键基因，表现出性别决定基因的特性。同时，我们还筛选获得半滑舌鳎性别特异微卫星标记，发现伪雄鱼后代中 90% 以上的 ZW 个体性转变为伪雄鱼，揭示了养殖苗种中生理雄鱼比例明显偏高的遗传学原理；通过全基因组甲基化测序分析揭示了伪雄鱼 Z 染色体上的性别调控基因甲基化的遗传性，为半滑舌鳎性别控制和高雌性苗种研制提供了理论依据。研究论文于 2014 年 3 月和 4 月相继在 *Nature Genetics* 和 *Genome Research* 上发表。该项研究成果

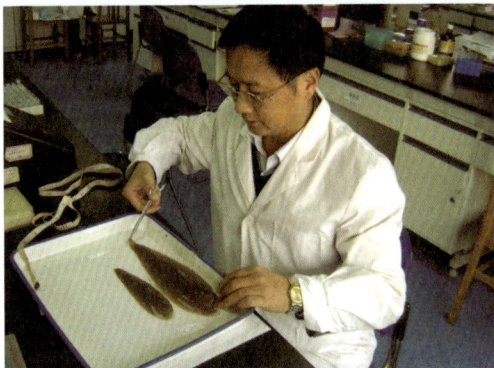

陈松林在实验室

是我国海洋和渔业领域在基础科学研究领域的重大突破，是我国海洋和渔业领域在 *Nature Genetics* 上发表的第一篇研究论文。它标志着我国在鲆鲽鱼类基因组和性别决定机制研究领域达到了国际领先水平。

产学结合，团队合作

将论文写在祖国的大地上，将科研成果投入生产中，是我和我们团队一直的奋斗目标。回顾过去，近 20 年来，我们的研究团队先后申请并主持承担了国家 973 课题、863 项目、公益性行业科研专项和国家科学基金重点等项目 30 多项。建立了我国鱼类种质冷冻保存的技术体系，促进了我国鱼类种质保存、遗传育种和苗种繁育的发展；建立了鲆鲽鱼类基因资源发掘和应用的技术体系；领衔完成了我国第一个鱼类全基因组测序和精细图谱绘制。牙鲆是我国北方的另一个重要海水养殖鱼类，其养殖业年产值达 20 多亿元。针对牙鲆存在生长较慢，病害严重，缺乏高产、抗病优良品种等问题，我们的团队开展了牙鲆高产抗病分子育种新技术的研

究，培育出我国鲆鲽鱼类首个新品种——"鲆优 1 号"。该新品种的生长速度比普通牙鲆提高 30%，成活率提高 20%，特别是具有耐高温性，适合在福建东山岛进行养殖，从而将牙鲆的养殖区域南移至福建沿海。"鲆优 1 号"牙鲆新品种现已在山东、福建和天津等沿海省市实现了产业化养殖，推广应用后产生了重大的经济和社会效益。我们还研制了我国第一个鱼类抗病育种基因芯片"鱼芯 1 号"，建立了抗病基因组选择育种技术，培育出牙鲆"鲆优 2 号"和半滑舌鳎"鳎优 1 号"等新品种 3 个。这些成绩不仅推动了我国海洋渔业的科技进步，而且提升了我国水产生物技术的研究水平以及在国际上的影响力。

国外访学时的陈松林

作为一位水产科技工作者，就是要瞄准水产业中存在的重大问题，采用先进的技术手段开展创新性研究，为水产业发展提供技术支撑，为渔业科技进步提供动力。我们的团队也是这样做的。我们瞄准海水鱼类养殖业中存在的缺乏基因资源、病害泛滥、缺乏优良品种等重大科技问题，开展前沿性应用基础和技术创新研究，既"顶天"又"立地"。但是要做到这一点，谈何容易。回顾过去30多年的科研历程，刻苦努力是取得成功的重要基石。自从1988年留学法国开始，我便走上了这条艰辛的水产生物技术科研探索之路，30多年来基本上没有节假日、没有周末的努力工作，以5加2、白加黑的工作模式，与团队成员奋斗在水产生物技术和遗传育种的科研前沿，去攻克困扰鱼类养殖业可持续发展的科学问题和技术难关。

与水产专业结缘是误打误撞的，但是在这个领域的坚持是我无悔的选择。这一路走来，从一个什么都不懂的少年，再到中国工程院院士，多了一份荣誉，更多的是一份责任，感觉肩上的担子更重了。未来，我们将把全基因组选择和基因编辑等分子育种技术推广到更多重要养殖鱼类上，为养殖业绿色发展提供良种保障和技术支撑。我最喜欢的就是丰收时节鱼儿欢腾跳跃、渔民喜上眉梢的景象，这份喜悦美丽的景象值得我为之奋斗终生。科研已成为我生命的一部分，我愿为海洋强国建设贡献全部力量。

来自大海，耕牧于海

海洋捕捞学专家 陈雪忠

科学家简介

陈雪忠，海洋捕捞学专家，研究员，博士生导师，曾任中国水产科学研究院东海水产研究所所长。兼任中国水产学会常务理事、中国水产学会捕捞分会主任委员、农业农村部捕捞渔具专家委员会主任委员、中国渔船渔机行业协会副理事长等学术组织、学术期刊、行业协会专业委员会理事或委员。

陈雪忠研究员长期致力于我国的海洋捕捞和远洋渔业资源开发利用研究，曾两次赴南极考察。率先将卫星遥感技术应用于我国的远洋渔业资源调查和渔场渔情速预报研究，首次建成我国具有独立知识产权的远洋渔业信息应用服务系统，极大地推动了我国远洋渔业产业的科技进步，确立了我国在北太平洋鱿鱼渔业的大国地位，增强了我国公海渔业的综合竞争力。主持开展了大洋金枪鱼资源开发关键技术研究，使我国从大洋金枪鱼渔业空白发展成为世界主要捕捞国家之一。在我国率先开展了南极磷虾资源调查评估及利用技术研究，推动了我国首次开展的南极磷虾资源研究与探捕开发，使我国步入南极磷虾商业捕捞国家行列。在渔具力学、渔具设计研究等方面开展了大量的工作。先后荣获中国科协"全国优秀科技工作者"、中国农学会"全国优秀农业科技工作者"、"上海市领军人才"、"国务院政府特殊津贴"、首届"全国创新争先奖状"等荣誉称号。

结缘海洋科学研究

我是大海的孩子。生于福建霞浦的海边渔村，我的童年一直受到海洋的滋养，更准确一点来说，我的祖祖辈辈都在接受海洋的馈赠，依靠海洋生活。在父亲离世后，留下我们兄妹六人和年迈的爷爷奶奶，家庭的重担曾让母亲想要放弃供我继续读高中。

可我知道，知识是唯一能帮我乘风破浪走出小渔村的帆，我也明白，我不能让母亲独自扛下所有的重担与苦楚。初中时为了减轻家里的负担，放学后我就去帮家里砍柴。因为全村人生火做饭都要依靠村后山上的干柴，村后山上的干柴是抢手货，我只能每天早晨上学前去山上割草、晾晒，放学后收回来，每个学期请两周的假专门去深山里的亲戚家砍柴，以供家里的柴灶烧。我请求母亲让我上高中考大学，只提供我主粮就好，菜金和学杂费都不用她操心。我是渔民的儿子，我对大海有一种刻入骨子里的感情与依赖，海洋会助力每一个孩子的梦想。学杂费和小菜我都取之于海，每周回家赶海抓的小鱼小虾支撑我读完了高中。对于海洋来说，那些小鱼小虾不过是其庞大的海产资源中的沧海一粟，但是能让一个有梦想的孩子借此走出大山，跨过大海，去接受知识的洗礼，去看看外面的世界。这就是慷慨而仁慈的大海，以无声的姿态，呵护着她的孩子历尽千帆，给予梦想最朴实的灌溉。

1977年，中断了10年的高考是多少学子的命运转折点，也是这场高考，命运将一张"渔网"交给了一个来自海边的孩子。第一天考完语文和政治，我信心满满，憧憬着自己的大学梦。但是生活总会在你以为一帆风顺的时候掀起波浪，第二天上午的数学考试，因地区考卷的差异我有将近一半的题目没有答上来，走出考场时，我全无了前一天的精气神儿，不知道落榜之后该怎么面对咬牙支持我读书的母亲，不知道自己还有没有重读再考的机会。我感觉自己像是漂泊在海上的一叶孤舟，前方没有灯塔，回头也看不到来时的岸。那时的我甚至准备好放弃接下来的考试了，任由风暴中的海拽着船体下沉，但是陪我来考试的弟弟托住了跌入谷底的我，他鼓励我去坚持，去尝试，莫要忘记初心。是啊，海洋的孩子，没有什么"回头是岸"，只有激流勇进，一往无前。我调整好心态，坚持考完了最后的物理和化学。在等待放榜的日子里，我总喜欢去海边坐着。我问大海，我能考上大学吗？大海不说话，不回答，而是托海风给我送

来了一张薄薄的却又沉甸甸的录取通知书——我被厦门水产学院（上海水产学院迁到厦门组建，集美大学前身）海洋捕捞专业录取了。

命运先是给了我波涛汹涌的曲折考试经历，又给了我如深海般寂静的等待，最终将一张"渔网"交给了我。我是渔民的后代，大海的孩子，命运让海洋助我走出去，又告诉我，坚守初心，为渔业发展做出贡献。

两赴南极，奠基南极渔业

1982年大学毕业后，我入职中国水产科学研究院东海水产研究所，投身到海洋水产的研究。

海洋是神秘的，南极的海洋对于曾经的中国更是神秘的，为了揭开这层神秘的面纱，一探南极的海洋资源，我于1986年和1989年，先后加入了中国第三次和第六次南极考察队。海上科学考

察的主要任务是南大洋海洋环境和生物调查。

意料之中，两次科考都困难重重。首先，在第三次南极考察中留给南大洋考察的船时并不多，这就需要我们提高效率。工欲善其事，必先利其器。然而，当时乘坐的考察船"极地"号的绞车并不适合磷虾拖网取样，我相信方法总比困难多，经

陈雪忠在中国南极长城站留影

过我的改装，两次调查我们在一周时间内分别在南设得兰群岛和普里兹湾及邻近海域约 45 万平方千米海区，4 条经向断面的 34 个测站探捕到近两吨的南极磷虾。以这两次探捕为基础，撰写了南极普里兹湾外海磷虾分布研究、南极磷虾渔业发展现状及我国应采取的对策等论文，为我国的南极磷虾商业化捕捞奠定了基础，让南极的海洋资源不再是我国的知识盲区。

　　一周的大洋调查时间，每个人每天都非常忙碌，平均每天睡眠时间不到 4 个小时，在其余时间要一边盯着探鱼仪寻找磷虾群，一边开绞车拖网。南极的寒风要比之前经历过的任何风都要凛冽，在甲板拖网的时候，面对刀割般的南极寒风，极度缺乏睡眠的我站着也能睡着。现在回想起

海洋科学家手记（第三辑）

来，都不由得感慨，还好那时才 29 岁，还年轻，有个不晕船的好身体。搞科研嘛，就是要与时间赛跑，接受自然的挑战，探求来自大自然更多的馈赠。除了南大洋考察，我们的另一个任务是帮助扩建长城站和中山站。长城站和中山站的扩建是采取包干制的，谁都不愿意完不成任务拖团队后腿，所有队员即使有伤病，也没有一个人请假。我记得中山站扩建的时候，由于环境条件和设

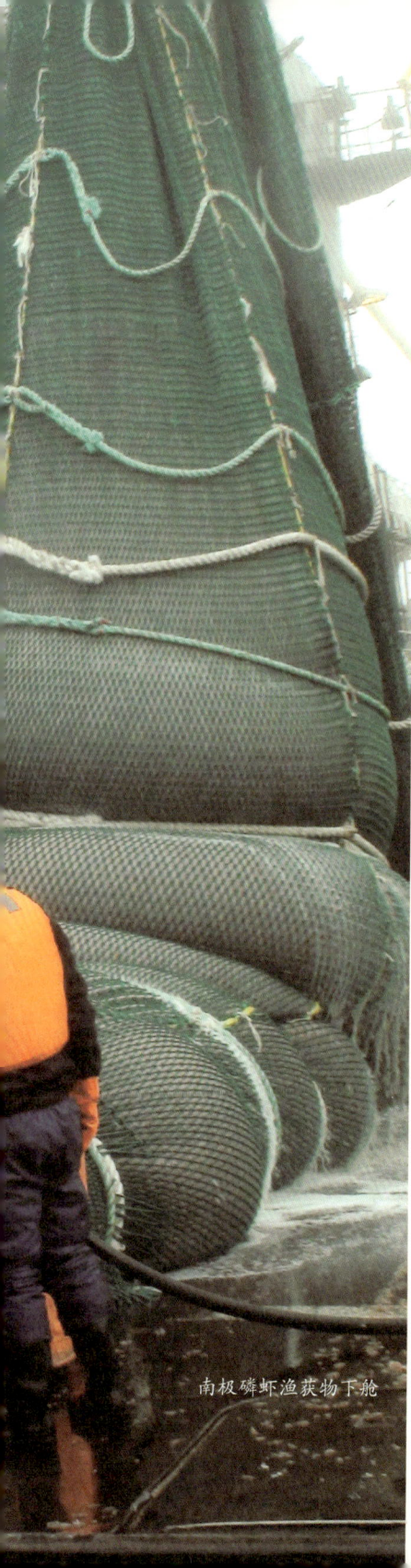

南极磷虾渔获物下舱

南大洋浮游动物采样

备条件限制，有很多活儿只能依靠人工完成，我曾从山下扛着一整袋水泥爬山，皑皑白雪覆盖的地面看似平整实则崎岖，负重爬行中不慎踩进了一个雪坑，扭伤了腰，但是我知道时间紧、任务重，在风险重重的南极，我们等不起。因此，在随队医生给我拔罐后，我一刻没有休息，便继续投入工作，保质保量提前完成了工程和建设任务。

命运对勇士低语：你无法抵御风暴。勇士低声回应：我就是风暴。在两次南极考察的过程中，我体会到最多的就是所有的考察队员都有一种使命感、责任感和荣誉感，整个考察队作为集体要为国争光，每个人要为单位争荣誉。迎难而上，是每一位中国科研工作者一以贯之的精神传承，也是中国海洋渔业发展的精神面貌。

海上花开，可缓缓归矣

赶海捡拾的海货可以支撑一个孩子完成高中学业，出海下网打捞的海产可以勉强维持一个多口之家的生计。那应该靠什么支撑起一个大国渔业呢？应该依靠科技。海洋帮助我走出去，如今我又走回来，作为一个耕牧于海上的"园丁"，要让我国的渔业"海上花开"。

鱿鱼有极高的营养价值和经济价值，主要分布于热带和温带浅海，世界上鱿鱼资源丰富，具有较高的开发潜力。我国从20世纪90年代初就开始了北太平洋鱿鱼资源的开发利用，目前已成为全球最大的鱿鱼生产国之一。远洋鱿鱼是国际公认的"大蛋糕"，消费需求高，捕捞国众多。我国就是积极参与其中的国家之一。

为了使我国鱿鱼的远洋捕捞更加科学高效，我们通过对西北太平洋鱿鱼资源进行的多次综合科学调查，研究掌握了鱿鱼的鱼汛特性、渔场形成机制和资源分布状况，首次开发了北太平洋海域的鱿钓鱼场，并使之成为我国远洋鱿钓鱼船从事大规模商业性捕捞的重要作业海域。鱿鱼是一种后代数量极多的海洋生物，其产卵环境对鱿鱼渔业的发展有着重大影响，我们团队揭示了西北太平洋鱿鱼产卵场和索饵场表温对其资源补充量和鱼汛迟早的影响机制，掌握了黑潮和亲潮及其空间配置左右着鱿鱼渔场形成的规律，建立了相应的渔情预测模型。在信息化时代，掌握先进的信息和庞大完备的数据资源往往能掌握主动权，我们首次评估了 165°E 以西海域鱿鱼捕捞群体的汛初资源量。开发了渔场现场环境数据自动采集和传输系统，利用自主研制的船用数据仪，实现了渔场海洋环境信息、船位动态信息自动采集；利用自主研发的 INTERSAT 通信卫星专用控制软件，在中小型渔船上实现了高质量的船基大数据量自动传输。研发了渔场环境遥感信息获取、传输、处理、分析与产品制作系统和生产指挥决策辅助系统，实现了海况信息产品的自动制作、生产信息的实时获取和渔船的动态管理。自主开发了北太平洋鱿鱼渔情速预报系统，实现了中心渔场智能预报。应用系统集成技术，首

次建成我国具有独立知识产权的远洋渔业信息应用服务系统，成功地应用于我国北太平洋鱿钓渔业，实现了该系统的分布式业务化运行。

研究成果已为 30 多家远洋渔业企业和管理部门应用，极大地推动了我国远洋渔业产业的科技进步，确立了我国在北太平洋鱿鱼渔业 10 万～13 万吨/年的资源利用地位，增强了我国公海渔业的综合竞争力。据统计，1994—2007 年，已累计捕获鱿鱼 132.85 万吨，产值 100 多亿元，利润 10 多亿元；2006—2009 年 3 年节支增收约 3.8 亿元。

金枪鱼是一类生活在海洋深处的鱼类，是备受喜爱的海鲜产品。但是，曾经的中国并不是一个金枪鱼渔业发达的国家，甚至可以说是空白。为了填补这项空白，应对全球金枪鱼资源和海洋权益的争夺，我与团队自 1993 年起，通过对三大洋金枪鱼资源与环境长达 14 年的连续调查，获取了一大批渔场资源、环境科学数据，填补了我国公海金枪鱼渔业数据空白。此外，意识到我国在金枪鱼渔业生物学指标上的欠缺，我们应用区域海洋学、

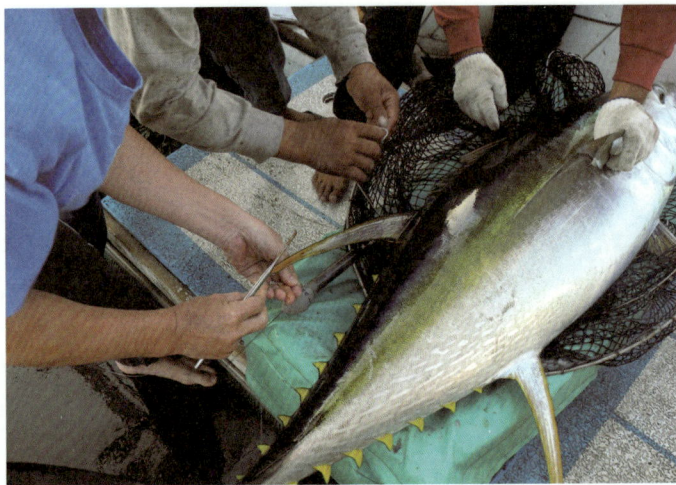
金枪鱼标志放流验证试验

GIS 空间统计等理论与方法，提出了金枪鱼渔业生物学指标体系，创建了不同金枪鱼渔场的三维环境特征模型及资源时空变动规律解析方法，为首次成功开发我国 7 个大洋金枪鱼作业渔场奠定了技术基础。

我们深知这 14 年来数据获得的不易，且知道这些宝贵的数据可以为其他科研团队和项目提供重要的支持，因此我们建立了大洋金枪鱼渔业综合管理数据库，首次创建了基于贝叶斯概率原理的金枪鱼渔场预报模型，研发了具有自主知识产权的金枪鱼渔场渔情信息服务系统，实现了金枪鱼渔场的速预报。数据信息是科技化渔业场上的"新型资源"，有了精准信息化的系统，才能更好地帮助我国在海洋渔业资源利用中掌握主动权，我们研发的大洋金枪鱼渔场环境信息获取与特征提取技术，创建了自主海洋卫星海表温度、叶绿素反演算法及特征提取算法模块，为金枪鱼渔场渔情分析提供了可靠的环境信息。工欲善其事，必先利其器。先进的捕捞工具在金枪鱼的捕捞中也显得尤为重要。我们团队以流体力学、工程力学、鱼类行为学理论为基础，首次建立了金枪鱼延绳钓钓钩深度三维模型，开发了可视化仿真软件，自主研发了高效生态型金枪鱼延绳钓钓具，显著提高了金枪鱼捕捞效率。

结束语

我与海洋结缘颇深，其实人类与海洋亦息息相关。海洋是渔民赖以生存的家园，也是人类的"母亲"。海洋是神秘又慷慨的，为我们带来丰富的资源。我致力于通过科学技术促进我国的渔业的发展，更希望这种产量的提升是可持续发展的。我们对于海洋的态度绝不能是杀鸡取卵的索取方式，养捕结合、资源养护、渔业科技创新才是中国渔业厚积薄发的长久发展之道。忆往昔，这一路走来，自己像是一滴水，依靠着整个团队所有水滴汇聚起来，凝成一朵浪花，推动我国海洋渔业的船向前进。我相信，在不远的将来会有更多的水滴，更大的浪花，一起努力，将我国的海洋渔业发展推向一个发展的新高度。

运用遥感技术指导太平洋金枪鱼捕捞作业

海洋捕捞学专家 陈雪忠

梦想和愿望是走向理想彼岸的原动力

海洋生态学家 孙松

科学家简介

孙松，中国科学院海洋研究所研究员，博士生导师，国际欧亚科学院院士，海洋生态学家。1959 年 12 月生。1999—2009 年担任中国科学院海洋研究所党委书记、副所长，2006—2017 年担任中国科学院海洋研究所所长、党委书记，2016—2020 年任中国科学院大学海洋学院院长。

孙松研究员长期从事海洋生态学和生物海洋学研究，曾三次赴南极进行科学考察，作为首席科学家承担过国家重大科技基础设施项目（大科学工程）、中国科学院战略性先导项目（A 类）和一系列国家基金重点项目等；率领团队完成了我国第一个海洋领域重大科技基础设施项目"科学"号综合考察船建造项目，并对深海极端环境与生命开展综合探测与研究。策划和建设中国科学院青岛科教园，建成科教融合实体——中国科学院海洋研究所新园区和中国科学院大学海洋学院，并担任科教园第一任主任和中国科学院大学海洋学院第一任院长。现任国际深海观测战略委员会（DOOS）科学指导专家；曾担任国际海洋研究委员会（SCOR）副主席和中国委员会主席、联合国海洋委员会属下全球海洋观测委员会（GOOS）核心专家组成员、全球海洋生物普查委员会（CoML）专家指导委员会成员、全球海洋观测联盟（POGO）执行委员、国际南极研究委员会（SCAR）生物委员会成员、北太平洋海洋科学组织（PICES）生物委员会成员。

发表论文 300 余篇；出版《生物海洋学》等专著 7 部，获"中国科学院杰出科技成就奖"和"海洋工程科学与技术奖特等奖"等。

结缘海洋科学研究

我在山东莱阳度过了小学和中学时代，这里地处胶东半岛的中心位置。我的家乡位于莱阳火车站附近，家乡的东面和西面各有一条河。听大人讲，河水最终会进入大海。每当在河边玩耍时，看着河水一直向南奔淌，我幻想着如果沿着这条河一直向南走就能到海边，见到大海了。

其实我们离海边也就不到 50 千米，但是对于那时的我来说，大海在很遥远的地方。有一次一个亲戚要乘火车到青岛，我和家人送她到火车站，那时就幻想，如果我坐上这列火车就能到青岛，那里有大海。可惜也只是想想罢了，上初中的时候我有一个套着鲜艳塑料封面的笔记本，笔记本中就有青岛栈桥和小青岛等景点的彩色插页，看着这些美丽的景色，向往大海的愿望更加强烈了。但是，在那个年代，对于一个生活在农村的孩子来说，这仅仅是一个不可能实现的愿望和梦想而已。

后来，机会终于来了，高中毕业的我正在对前途一筹莫展，准备在农村寻求一个拖拉机手或者电工、小学老师之类的职位的时候，改革开放了，其中一个重要举措就是恢复高考。那时我刚刚高中毕业不到半年时间，突如其来的机遇，既令人激动又让人感到压力巨大。因为我们在上高中的时候，教育体系下的课程基本就是学工、学农和学军，很多基础课都没有学，所以必须在有限的时间里自学高中课本的基础知识。

1978 年，我考上大学，终于到了青岛，进入山东海洋学院生物系学习，也终

1978—1982 年孙松在山东海洋学院生物系学习

海洋科学家手记（第三辑）

于见到了大海。从那时起，我就爱上了海洋和海洋中的生物，到现在44年过去了，除了出国深造那几年，我从未离开过青岛，从未离开过海洋。

一个农村孩子的科学梦

我的家乡附近有很多的工厂、企业和驻军，所以我们那里不是严格意义上的农村，属于城乡接合部。记得我上小学的时候，一个家在部队的同学送给我一个坦克车上用的头盔式的帽子，头盔上有个耳机，那个时候，连个收音机都没有，不像现在可以把耳机插在各种视听设备上听音乐或广播，也就是说那个耳机派不上用场。后来有人告诉我，耳机加上一个二极管就能变成一个"矿石收音机"。有一天，一个家在工厂的同学帮我搞到一个二极管，接到耳机上，在院子里拉了很长的天线，竟然真的听到了山东台的广播，那种惊奇感和兴奋感简直无法用语言描述。从此以后几乎每天晚上8点就开始听广播，因为晚上干扰小、声音清晰，可惜一般只能收听一个台。通过借阅有关电子线路方面的书，我发现如果安装一个调谐器就能收听不同的电台，并且如果想让它功能强大的话就必须使用电池，还要用到三极管、电容器和其他一些电子元件，但是那时对我来说太困难了。我那时最大的愿望就是能够拥有很多的电子元件，以及一些电烙铁之类的工具，最好能有一个工作室，这样就能组装各种各样的收音机了，说不定能够自己做出一个电台来。那时我对物理学、电子线路等充满了好奇，花了很多时间进行研究，而且一直兴趣不减。这件事带来的好处就是我对物理学，特别是对电子方面的知识产生了很大的兴趣，学习成绩一直名列前茅。

对我影响很大的另一件事情是关于照相机的。上初中的时候，同学有一台120双镜头反光照相机。当我第一次见到照相机的时候我感到太神奇了，整天跟着那个同学拿着相机对着不同的景色，从打开的取景器的毛玻璃上看世界。由于胶片和相纸都很贵，所以只能拿着相机对着不同的景物进行观察。受到矿石收音机的启发，我开始探索能否自己制作一台简易相机，所以就开始查阅各种与光线、成像有关的书籍。后来了解到，不需要镜头等昂贵的配件，只要有一个小盒子，在小盒子上用针扎上一个小洞就可以自制针孔相机，但是仍需要照相纸、显影液等方面的器材，而且曝光时间很长，所以这个愿望一直没有实现，但这让我对成像、光线等有了了解。照相机也一直是我心中的一个梦想。

对我后来的学术生涯和生活产生重要影响的学科是地理学。通过地理学的学习，我发现世界之大，不同的区域有不同的景色、物产和环境。看地图、研究地理环境成了我的另一个爱好。收集各种地图和地理书，似乎可以让人遨游世界。

所有这一切都为我后来的人生埋下了探索和创造的种子，让我懂得珍惜每个机会，抓住每个机遇，做好每件事情，因为这一切是一直藏在心里的梦想和愿望，也是我生活、工作和事业的原动力。

上中学时最大的苦恼是未来的前途，因为那时没有考大学的机会，都是推荐的"工农兵大学生"上大学，对于一般家庭的孩子来说，是没有希望的，一个农民的孩子不可能到城市做工、寻求发展的机会，只能一辈子在农村"修理地球"。有些同学到初中就不再上学了，觉得还不如早早下地干活多挣两年工分，"读书无用论"非常盛行，因为在那时现实很残酷。

命运终于出现了转折，迎来了改革开放，1978 年我终于来到青岛，进入山东海洋学院学习。上大学成了改变自己命运、实现自己梦想的最关键的一步，儿时的愿望和梦想变成了推动自己成长的原动力。

大学毕业之后我进入中国科学院继续攻读硕士和博士学位，毕业后留在中国科学院海洋研究所工作，拥有了自己的实验室，购置、研发和改进各种各样的仪器设备。从小的生物培养器到大型的综合科学考察船和探测深海的水下机器人，可以拍摄显微镜下的微观世界、各种各样的海洋生物、几千米深海海底中的稀奇古怪的海洋生物和海底环境；在阅读到文献中的海洋生物的时候，脑海中就会出现其所生活的地理位置和环境，这是从小热爱地图和地理的结果。

带着探索世界的梦想，我三次参加南极科学考察，研究地球上最大也是最后一个动物蛋白库——南极磷虾，也领略了南极冰山的壮阔和南极企鹅的美丽；到南非考察了让船长们望而生畏的好望角；到加拉帕戈斯群岛考察了让达尔文领悟到"物竞天择、适者生存"这一进化论核心思想的独特环境和生物，见到了寿命可达 200 岁的古老象龟以及长得像外星球生物的大蜥蜴……

与此同时，我也在一系列的国际组织中担任相关职务，如全球海洋生物普查（CoML）、全球海洋观测（GOOS）、国际海洋研究委员会（SCOR）、南极科学委员会（SCAR）等，这使我有机会到世界各地开会、学术交流和实地考察。我热爱我的职业，热爱海洋生物，热爱探索海洋中的不同环境和现象，热衷于从海洋生命现象来研究造成这种现象的环境因素，所以我在大学里开设了"生

孙松与加拉帕戈斯群岛上的象海龟合影

物海洋学"这门课，教授研究生如何通过海洋生物来了解和探索海洋，这需要丰富的知识，熟悉各种各样的海洋生物与海洋环境以及开展探测与研究的各种仪器设备和方法。儿时的梦想和愿望带我实现了自己的理想。

一个人最幸福的事情就是能够把自己的爱好和从事的事业结合起来，最令人兴奋的事情无疑是做了自己想做的事情，实现了自己的梦想。梦想和愿望是推动事业发展的原动力，也使我们能够把握每一个机会。

现在，我也购买了自己一直期待拥有的照相机，并带着照相机到世界各地旅行、参加考察活动和各种会议，拍摄了大量的照片。这些照片也是我生命历

孙松在加拉帕戈斯群岛上（加拉帕戈斯群岛也是深海热液生物群的发现地，这一发现被誉为 20 世纪地球科学和生命科学的重大发现，所以这里是科学发现的"圣地"。）

程的记录和写照，每当看到这些照片的时候就会回忆起很多去过的地方、经历的事情和见到的人。我也购置了性能非常先进的多功能收音机，它在我去南极的时候发挥了很大的作用，那时不像现在有互联网和发达的卫星通信，我们当时在船上除了看录像带，几乎很难获得外界的消息，而这台多波段、性能优良的收音机就是每天晚上收听世界各地广播的唯一途径，重演了我小时候听矿石收音机的情景，在茫茫大海上能够收听到广播，想想也够神奇的。尽管互联网很发达了，这台收音机我到现在都在用。

珍惜和坚持，使事情变得更有价值和意义

我有早晨走路锻炼的习惯。说起来，要追溯到我担任研究所领导期间，有一年集体体检，发现我们所务会的几个同事的身体都有不同程度的问题。医生建议加强锻炼来改善。后来我们选择了每天早晨走路上班的方式锻炼。我每天早晨从家里乘车到海边，然后沿着海边走到单位，步行距离大概5千米，需要1小时的时间。刚开始的时候的确感到有点困难，比较累，特别是炎热的夏季和寒冷的冬季，所以有的人就以种种不同的理由退出了，后来只有三个人坚持下来了。走了一年之后，体检结果让人很惊喜，身体状态得到很大改善，更重要的是走路令人心情愉悦。研究所独特的地理位置，让我们具备了沿海边走路上班的条件。我们选择的这条路非常好，旁边就是美丽的大海。红色的礁石、黄色的沙滩、碧蓝的海水加上红瓦绿树的景观，这条路应该是世界上最美丽的滨海步行道，每次走在上面我都有一种幸福感。每天走路的时候我都随身带着一个小相机，拍摄路上的海景和鲜花等，因此每天早晨能够沿着海边走路也就成

了一种期待和珍惜，一直持续走到现在，已超过 15 年。其实我不是在坚持，而是在享受。这种习惯带来的好处就是每天早晨都很快乐，身体也得到了很好的锻炼，健康的体魄是我们生活和工作的重要基础。这种情结也融入我的工作中。

同样的情景也出现在去南极考察这件事上。1989—1990 年我参加了中国第七次南极考察，那是我第一次去南极考察。在南极考察队中我属于南大洋考察队。为了充分利用这来之不易的机会，从青岛港出发（那时都是从青岛出发）我们就开始海洋观测和取样，每天不分白天和晚上每 6 个小时进行走航式拖网和观测，这样可以获得难得的横跨大洋的数据和样品。但是，南大洋考察队的人很少，所以值班的任务很重。到了南极后我们还要负责配合船上给南极考察站运送物资和给养，这对于科考队员来说是非常辛苦的。

最关键的还不是辛苦，而是危险。在完成科考任务返航的过程中，我们遇到了难以想象的气旋（相当于北半球的台风），而且是三个叠加在一起，风速早已超过

12 级。在最关键的时候，船上的缆绳被风浪打到海里去了，如果缠到螺旋桨上，就会发生船毁人亡的重大事故。于是，船上组织了"敢死队"，"敢死队"的成员冒着被风浪卷入海里的危险到船舱外面收回缆绳。

当时船上广播让大家把救生衣放在床头以便随时取用，有的队员已经偷偷写下了遗书，因为不时听到船上广播要求轮机人员到机舱、后舱区域断电，证明发动机遇到了问题，后舱可能已经进水了。一位随船的香港资深记者，在一篇文章中提到此事，她的描述是如果船沉了国家会很快配备一条新船，但是这批队员没了，恐怕对国家的南极科考事业的影响会超过 10 年，而且永远都是一个阴影。其实，我们最担心的不是外面的大风和大浪。我们不怕船摇得多么厉害，最担心的是船本身出问题。那时的极地科考船"极地"号是我国从芬兰购买的一条极地运输船改装的，本身就是一条旧船，而且船身被切开加长了一截。我们问随船考察的船舶设计方面的院士此船会不会有危险，老先生说就怕涌浪大了船身会从接口的地方断掉，或者

由于船龄太长，电线和油路老化，一旦漏油遇到火花就会起火，这两种情况下船是没法救的。

有极地常识的人都知道，在冰冷的海水中，人体在 20 分钟后就会失去知觉。附近又没有其他航船，也就是说，一旦出现危险我们是很难被营救的。那时就想，如果这次安全回家了，以后再也不到南极考察了，太危险了。后来我们终于战胜了大风浪，安全到达澳大利亚弗里曼特尔港。

令人不可思议的是，回来之后仅仅休整了几个月的时间，我又一次登船参加第八次南极考察，也许是使命感吧，一个人做事情应该有点担当，既然选择了这条路，就应该走下去。第八次南极考察回来后就去澳大利亚南极局进行南极磷虾合作研究。回到国内后，我又参加了第十四次南极考察，这时破冰船已经换成了"雪龙"号，是从乌克兰购买的一条闲置的破冰船，性能比以前更先进。

孙松在海洋科考船上

1998年，孙松参加中国第十四次南极考察

要学会抓住机遇，懂得珍惜和坚持，凡事应该从正面去看问题，努力过、奋斗过才不会后悔，这是走向成功的基本素质。这种素质很多情况下会把枯燥、烦闷、辛苦的事情变得有兴趣，将能够参与、做到和做好某件事情变成一种期待，这样会使每天的生活变得充实、有意义。

梦想和现实之间的桥梁是锲而不舍

在我参加第十四次南极考察时，恰恰在南极冰区遇到机舱起火，情况非常危险，如果控制不了火势可能会出现机舱油库爆炸的情况，后果不堪设想。通过参与南极考察，我深深体会到拥有性能优良、安全可靠的海洋科考船对于海洋考察来说多么重要，我们一定要建造自己的科学考察船。

海洋科学的发展在很大程度上依赖于海洋探测与研究技术装备，建造新一代科学考察船，走向深海，是几代海洋科学家的梦想。几乎每个涉海单位都希望拥有新一代具备深海探测与研究能力的科学考察船，所以都想向国家申请建造科考船，能够率先开展深海研究，甚至引领海洋科学的发展。但是真正要建造科考船是非常困难的。幸运的是，中国科学院海洋研究所组成了一个非常优秀的团队，争取到了这个将梦想变为现实的机会。团队成员有一个共同的信念：我们一定要建造一艘最先进的新一代科学考察船。作为一个历史悠久、综合实力最强的综合性的海洋研究所，如果没有先进的科学考察船就变成了"陆战队"，要想在海洋领域起到引领作用，提高国际地位基本是不可能的，拥有自己的先进科考船对我们未来的发展将起到重要的推动作用。核心团队成员有着要建造最好的科学考察船这一共同的理想，这是我们团结一致克服困难，取得成功的根本和保障。

为了回答我们"为什么要建造新一代科学考察船"和"建造什么样的科学考察船"的问题，我们研究了大量的海洋领域的前沿问题和战略问题，特别是发达国家的战略规划和海洋科技现状，以及我国未来 10～20 年的海洋需求，到后来我们每个人都对海洋科技发展现状和未来发展战略有较深的了解。将自己的全部热情和精力都投入到科考船的申请、设计建造、设备配置和应用中去。我们一起去参加国际科学考察研讨会，利用一切机会考察国际上的最先进的科学考察船；我们也在中国举办世界海洋科学考察船会议，邀请国外专家来中国进行交流。研究国际海洋领域最新进展和未来发展方向，最终形成我们自己的系统方案。每克服一个困难，每取得一项进展，我们都相互鼓励。尽管道路和过程都很曲折，但是我们每天都很充实，因为每天都会有新的进展。

功夫不负有心人，最后我们终于通过了国家发改委组织的专家组的一系列评审，科学考察船项目被列入国家重大科技基础设施项目，这是我国海洋领域第一个也是后来很多年唯一一个国家重大科技基础设施项目。经过 10 年的努力，我们终于建成了国际最先进的科学考察船之一、我国当时最先进的科学考察船"科学"号。"科学"号的成功建造对我国海

海洋生态学家 孙松

洋科学考察船建设起到重要的推动作用，其设计理念和图纸都无偿提供给了后来建造的科考船，包括新一代南极破冰船"雪龙二"号作为参考。"科学"号建成之后，我们又申请到中国科学院战略性科学先导项目，获得 11.5 亿人民币的支持。"科学"号作为主力船奔赴西太平洋开展海洋综合考察，开创了深海极端环境与生命综合探测与研究的新纪元，*Nature* 专门撰文评价说"科学"号的建造和战略性先导专项的成功实施，使中国真正具备了深海综合探测与研究的能力。随着"科学"号的成功建造和投入使用，青岛市无偿给研究所配备了科考船专用码头，在码头上我们建设了海洋大型装备维护和研发中心，研究所建所 60 多年的发展历程中一直期待的拥有自己专用科考船码头的梦想成为现实。

2012 年交付的科学考察船"科学"号

2012年"科学"号科学考察船交付使用,时任中国科学院院长白春礼(中)出席交接仪式,孙松(左)接受"科学"号入列

海洋生态学家 孙松

随着这些工作的进行,为了加强中国科学院与地方政府的合作,在中国科学院和青岛市政府的大力支持下,我组织领导了中国科学院青岛科教园建设项目,建设中国科学院大学海洋学院和中国科学院海洋研究所新园区,实现科学与教育的有机融合。

有人说,一个人最后悔的事情是到年老的时候,回想自己的过去很多应该做、能够做的事情反而没做,而这样的机会以后再也不会有了。令我比较心安的是,我抓住了这样的机会,而且一直很珍惜这些机会。

授人以渔，打造水上牧场

渔业资源保护与利用专家 庄平

科学家简介

庄平，渔业资源保护与利用专家，研究员，博士生导师，曾任中国水产科学研究院东海水产研究所所长。华东师范大学、南京农业大学、上海海洋大学博士生导师。获农业部有突出贡献中青年专家、上海市领军人才、中国科协全国首席科学传播专家、中国水产科学研究院首席科学家等称号，享受国务院政府特殊津贴。兼任农业农村部濒危动植物科学委员会副主任、农业部第八届科学技术委员会委员、中国鱼类学会副理事长、北太平洋海洋科学组织（PICES）洄游鱼类工作组主席等职务。

庄平研究员长期从事渔业资源保护和科学利用研究，主持国家重点科技攻关、国家科技支撑计划、863 计划、国家公益性行业科研专项、国家基础性科技平台、国家自然科学基金等国家重点科研项目 70 余项。37 年来，始终坚持渔业资源保护和发掘利用研究工作，研究区域涉及长江流域和中国近海，研究对象涉及经济物种和濒危物种。创建了

我国河口海湾渔业生态修复模式，重要渔业资源增殖成效显著，成为国际河口生态修复的典范。发掘了优良水产养殖资源，提出了鲟鱼"南移驯养"思路，力助我国成为世界第一鲟鱼养殖大国，培育初具国际竞争力的产业，推动了我国河口海湾渔业资源保护和利用学科体系构建。出版专著 18 部，主编丛书 2 套，发表论文 338 篇。获国家和省部级科技奖 21 项，包括国家科技进步二等奖 2 项、上海市科技进步一等奖 3 项、国家海洋科技创新一等奖 1 项。

结缘海洋科学研究

源自唐古拉山脉各拉丹冬雪山的长江在奔腾入东海的路上，于其北岸引出了一条支流，从湖北的一个小镇上路过，以清澈的江水哺育了一个少年。与每一位中国人一样，我深深热爱着长江这条母亲河，作为在江边长大的孩子，我的童年和梦想都被长江水滋润，我的一生都与长江有着不解之缘。

从读中学的时候开始，我就对科学充满好奇，尤其是对与万物生灵相关的生物学特别感兴趣。书本和书本中源源不断的知识令我着迷。我所在的中学是一所老学校，与现在的孩子不同，那个时候没有丰富多彩的科普读物，更没有方便快捷的互联网设备，图书馆里那些已经泛黄的科学书籍是我最宝贵的精神食粮，我常常借来这些书籍阅读，爱不释手。我是1978年参加的高考，这场重要的人生大考前，却偏偏出了岔子——我在考试前发烧了，但是我不想因此错过这个可以改变命运的机会，便一边发烧一边参加了高考。带着生病时昏昏沉

长江口滩涂

沉的大脑和虚弱的身体，我咬着一股劲儿，强撑着清醒与冷静面对卷子上的每一道题，心中默默告诉自己：我一定能考上！

苦心人天不负，那年高考，湖北省仅有 6000 人考上了大学，而我们高中全校也只有 3 名同学考上了大学，我是其中之一。填报志愿的时候，带着兴奋与对未来的憧憬，我捧着《湖北日报》的两大版招生简章反复研究，反复问自己，以后到底想做什么，哪个专业是我真正想为之奋斗

终生的。经过慎重的思考与抉择，我最终选定华中农学院淡水渔业专业。在那个国内淡水渔业还不发达的时期，亲朋好友、街坊邻里甚至是我的父母都不理解我的选择，他们无法理解，只是养鱼而已，有什么值得去上大学来研究的？但是我热爱长江水，热爱生物学，热爱摇曳在江水中的一尾尾鱼，能够用一生去坚持自己的这份热爱是一件美妙又有意义的事情，这样，便无悔。

锲而不舍，金石可镂

攻城容易守城难，不顾他人眼光选择淡水渔业专业已经是不易的选择，但在攻读过程中面对困难仍能坚持下去保持热爱才是难得。

本科阶段我逐渐接触到了科研，在课程实习阶段，我设计的第一个实验是"白鲢鱼孵化期耗氧率研究"，绘制了孵化期间的耗氧率曲线，撰写了论文；大学毕业

前夕我作为骨干参加了华中农学院杨干荣教授组织的神农架渔业资源考察，1982年春天在神农架的原始森林考察整整两个月，共发现鱼类 35 种，隶属 4 目 9 属，考察结果较为全面地反映了神农架野生鱼类资源。

1982 年毕业，我入职了四川省宜宾市水产研究所。入所后，我参与了葛洲坝

截流后第一次全国中华鲟的救护工作，从这时开始，我博士和访问学者期间的科研工作都是围绕鲟鱼这一古老鱼类展开。

1995年，我已在中国水产科学研究院长江水产研究所担任副所长（副研究员），分析自己的情况后，感觉科学道路还很漫长，现在的自己实力还不够，还需要加强学习，于是打算考中国科学院水生生物研究所的博士研究生。所里的日常行政工作、团队的科研工作和考试复习都不能耽误，但是更大的障碍来自同事和家人的不理解，现在已经很好了，为什么还要去继续啃硬骨头呢？

我很感谢我的博士生导师曹文宣院士对我的鼓励，而且我也始终如一地坚持着对科研的热情。博士期间我的工作主要是鲟鱼的驯养和生物学研究。我国长江中3种鲟鱼为国家一级保护动物，不能商业养殖；黑龙江2种鲟鱼和引进的欧洲种类可以开发利用，但北方养殖条件有限，难以形成规模化大产业。面对"南方无鱼可养，北方有鱼难养"的窘境，我在博士期间发表的文章中率先提出北方鲟鱼"南移驯养"的构想，坚持20余年，将主持构建的南方规模化鲟鱼养殖技术体系在全国推广，推动我国鲟鱼养殖业从无到有。我国成为世界鲟鱼养殖第一大国。

寻鱼鲟鱼，道阻且长

鲟鱼是古老鱼类，有"活化石"之称，具有重要经济、生态及科研价值，其卵制成的"鱼子酱"是西方国家高档消费品，有"黑色黄金"之称。鲟鱼为亚冷水性鱼类，多分布于北回归线以北，20世纪90年代以前，世界鲟鱼养殖业仅分布于苏联、北欧和北美等寒冷地区。直到90年代中期，我国鲟鱼商业化养殖仍是空白。

为了解决我国"南方无鱼可养，北方

有鱼难养"的问题，我于 20 世纪 90 年代初率先提出北方鲟鱼"南移驯养"的构想。

针对北方物种在南方养殖面临的诸多"水土不服"难关，例如，高温不摄食、发育受阻、病害暴发、高死亡率等问题，我们团队对鲟鱼早期发育特征、个体发育行为、生长环境调控、营养需求、性腺发育调控、盐度适应与渗透压调节机制、生态毒理响应等方面开展了系统研究，丰富了鲟鱼环境生物学理论。在此基础上，逐一攻克了度夏高死亡率、幼鱼饲料转换驯化、病害防控、全人工繁殖等技术瓶颈，突破了北方鲟鱼南方养殖的禁区，拓展了养殖空间，为做大做强产业奠定了坚实基础。

坚持 20 余年，我将主持构建的南方规模化鲟鱼养殖技术体系推广至 20 余省市，推动我国鲟鱼养殖业从无到有，发展到我国成为世界鲟鱼养殖第一大国，年产值 50 亿元，养殖鲟鱼产量占全球 80%，鱼子酱产量占全球 50%，是我国高端水产品占领国际市场的重大突破。

鉴于我在河口洄游鱼类研究和鲟鱼资源发掘方面的工作贡献，我有幸与世界著名洄游鱼类学家、美国国家海洋和大气局

庄平（左）在长江口滩涂采样

（NOAA）西南渔业研究中心教授 Gerard Thomas DiNardo 博士一道，被选为北太平洋海洋科学组织（PICES）洄游鱼类工作组联合主席（2016—今），以及世界保护联盟（IUCN）鲟鱼养殖专家组主席（2002—2010）。2012 年"世界河口联盟（WEA）"组织全球专家来上海观摩长江口渔业生态修复的工作，时任 WEA 执行主席 Arjan Berkhuysen 先生评价我们团队的工作"为全球树立了一个成功的典范"。

鲟鱼只是河流中众多鱼类中的一类，而我也是中国淡水渔业科研工作者中平凡的一个，与志同道合的团队成员，一起解决一个个小问题，攻克每一个大难关，切实服务于国家和人民的真正需求。

河口海湾的"守林人"

河口海湾是我国重要的生态屏障和渔业出产地，也是社会经济高速发展的区域。同时，河口海湾也承载着巨大生态环境压力，生境遭受破坏，渔业资源快速衰退，水域荒漠化，严重影响我国生态安全和可持续发展。

2002 年，从美国马萨诸塞州大学做高级访问学者回国，我开始关注河口海湾这一重要的生态屏障和渔业产出地。聚焦河口的这些科学问题，我组建了中国水产科学研究院东海水产研究所河口与近岸渔业生态研究室，围绕资源衰退成因及机制、关键生态功能修复、重要资源可持续利用这条主线，开展 20 余年攻关研究；掌握了中华绒螯蟹（河蟹）、鳗鲡、中华鲟、刀鲚等重要渔业资源变动规律及衰退机制，奠定了生态修复和资源养护的理论基础。上述工作增殖了渔业资源，维护了生态平衡，促进了生态文明建设，支持了长江大保护。集成创新最先进的声呐、卫星跟踪等标志技术和 3S 技术，构建了长江口资源环境监测技术体系。突破传统资

庄平（左）在实验室观察中华绒螯蟹的幼苗发育

源增殖理念，提出生境修复＋增殖放流＋综合管控"三位一体"模式，发明了系列生态修复和资源增殖方法。以长江口河蟹繁育场和中华鲟索饵场修复、鳗鲡洄游通道保护为突破口，重建了栖息地生境，恢复了生态功能，使枯竭21年的河蟹资源增殖到历史正常水平，保护了中华鲟索饵育肥场，遏制了鳗鲡资源衰退。创建了资源增殖效果评估技术，阐明了资源增殖的过程及机制，提出"一控二限"资源利用

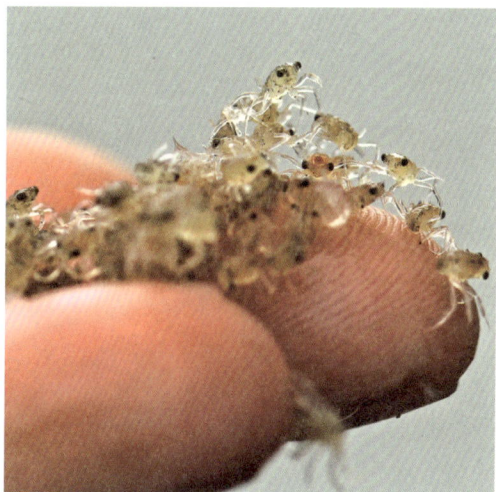

长江口中华绒螯蟹大眼幼体

方案，成为农业部制定"长江口刀鲚、鳗苗、河蟹特许捕捞制度"的重要科学依据，近年来长江口年均新增渔业捕捞产值40余亿元，实现了渔业资源保护和科学利用双赢。获2011年上海市科技进步一等奖。

留下书香，授人以渔

小时候的我没有机会去博览群书，只能将借阅的少而破旧的科学书读了一遍又一遍，现在我便将我的经验和工作总结成书籍，帮助有同样梦想和热爱的人一起探索渔业科学。2018年，我主编的"中国河口海湾水生生物资源与环境出版工程"一套28部专著，入选"国家'十三五'重点图书出版规划"，获"国家出版基金"资助。全国22所高校和研究所的知名学者编撰，论述了河口海湾生物资源和环境面临的问题，凝练了资源养护和环境修复的技术进展，提出了今后发展方向，是对我国本领域的全面系统总结，填补了空白，梳理了科学知识，推动了学科体系构建。2016年，我组织100多名专家编写出版的"长江口水生生物资源与科学利用丛书"一套12部专著，首次系统地对长江口重要渔业物种保护和利用进行了论述，为开展"长江大保护"提供科技支撑。

除此之外，我们团队编写的《长江口鱼类》是我国第一部系统整理长江口鱼类资源的专著，被中国海洋大学、华中农业大学等选为重要教学参考书。《长江中下游土著和外来鱼类》被农业农村部指定为渔政执法工具书。《长江口中华鲟自然保护区科学考察和综合管理》和《长江口特殊生境和水生动物》是"上海市长江口中华鲟自然保护区"设立和运行的科学基础。《鲟鱼环境生物学》集成了我30余年鲟鱼研究成果，是国内首部以特定鱼类物种系统论述环境生物学的著作。《中国近

海洋科学家手记（第三辑）

海鱼类》（1, 2 卷）系统整理和记述了中国近海鱼类资源。

作为大会主席，我主持召开了"河口及临近水域水生生物多样性保护和环境修复学术研讨会""水域生态修复国际研讨会""东亚鳗鱼资源保护学术研讨会"等大型国际学术会议，使我国河口水生生物研究融入国际前沿队伍。

作为团队领军人，我在团队建设和人才培养方面做出了一些成绩。我率先建立了国内首支专注于河口渔业的科研团队，从无到有地开启了河口渔业研究，多次获得"优秀科研创新团队""先进集体""青

年文明号"等称号。培养的 16 名博士中，有的学生成为大学的院长和研究所的室主任，有的成为博士生导师，他们已经是我国渔业资源保护利用领域的骨干力量。

我始终认为，做科研要服务于国家需求，真正把论文写在祖国的大地上，将渔业科研融进祖国的江河湖海；做科学研究要坚持，看准的事情要始终如一地坚持，不被其他人的声音所打扰，认清自己想要实现的，那就坚持去做；做科研要大胆，敢于创新，敢于啃硬骨头，带着"明知不可为而为之"的决心，去做第一个吃螃蟹的人。

渔业资源保护与利用专家 庄平

采集海洋中沉积的记忆

海洋地质学专家　石学法

科学家简介

石学法，二级研究员，博士生导师，海洋地质学专家。自然资源部第一海洋研究所海洋地质与地球物理研究室主任，自然资源部海洋地质与成矿作用重点实验室主任，中国大洋样品馆馆长，中俄 FIO-POI 海洋与气候联合研究中心主任。担任中国矿物岩石地球化学学会常务理事、海洋地球化学专业委员会主任委员，中国稀土学会理事、稀土矿产地质与勘查专业委员会副主任委员，中国海洋学会、中国海洋湖沼学会理事，担任多个杂志编委。

石学法研究员主要从事海洋沉积与海底成矿作用研究，长期担任国家海洋专项海洋底质调查项目首席科学家，中国大洋矿产资源研究开发协会资源勘查项目首席科学家、责任专家和深海稀土资源勘查项目首席科学家。主要成果和业绩包括如下几个方面：①带领团队对中国海及亚洲大陆边缘沉积地质学开展了系统调查研究，发起实施了"亚洲大陆边缘源－汇过程与陆海相互作用"国际合作项目，参与编制了多幅海洋沉积物类型图；②在国内率先开展了深海稀土资源勘查研究，在中印度洋海盆、西太平洋和东南太平洋发现了大面积深海稀土沉积；③领导团队在南大西洋中脊发现了大范围热液成矿区，为我国的海底热液硫化物勘查做出了重要贡献，将我国的深海研究扩展到大西洋；④组织建设运行了中国大洋样品馆，为我国大洋样品共享提供了支撑。已发表论文 600 余篇，出版专著 3 部、图集 2 套。先后获省部级科技奖励 13 项，获全国优秀科技工作者、泰山学者攀登计划、山东省富民兴鲁劳动奖章、青岛市劳动模范等 10 余项荣誉称号。

结缘海洋科学研究

1965，我出生于山东省昌邑县的一个农民家庭。我的经历比较简单，没有什么传奇色彩，算是一个科班培养的"职业科学家"。现在回想起来，我感到自己还是很幸运的，"文革"结束时我刚 11 岁，虽然小学接受的教育受到了一些影响，但中学教育还算比较正规。1982 年，在当时高考竞争非常激烈的情况下我顺利地考上了大学，接着又顺利地获得了硕士和博士学位。

我大学本科读的是长春地质学院，专业就是地质学。我自己喜欢地质学这个专业，第一志愿报的就是地质学院地质学专业，我的入学分数要高出当年这个专业录取线 50 多分。我硕士读的是煤田地质专业，从事沉积盆地分析研究，当时我也非常喜欢盆地分析这个方向，研究内容具有挑战性，又具有一些哲学的味道。

要不是特殊的机缘，我想我是会较长时间地从事盆地分析研究的，而不一定研究海洋地质。这个机缘就是我的女朋友（我的研究生同学，后来成了我的妻子）硕士毕业时来到了青岛的一家研究所工作，所以我硕士毕业后就考取了位于青岛的中国科学院海洋研究所，攻读海洋地质学博士学位，毕业后又幸运地留在中国科学院海洋研究所这一著名海洋科学机构工作。

我对海洋地质学的了解源于何起祥教授。在长春地质学院读本科时，何起祥教授刚从瑞士做访问学者回来。他在瑞士苏黎世理工国际著名海洋地质学家许靖华教授的实验室基于 DSDP（深海钻探计划）样品从事白垩纪末灾变事件的深海记录研究，取得了很有影响的成果。何老师经常在学校做报告，介绍当时的海洋地质学研究前沿，这给了我很深的印象。何老师不久调到当时地矿部青岛海洋地质研究所当所长，专门从事海洋地质的研究和领导工作。当我决定考博士时，咨询何老师的意见，他鼓励我报考，说海洋地质大有可为，建议并推荐我报考中国国科学院海洋研究所的博士生，当时青岛只有中国科学院海洋所一家具有海洋地质博士生招生资格。后来何老师在工作和生活中都给了我很大的帮助和指导。进入海洋所后，我就一门心思扎到实验室和图书馆里去，开始了海洋地质学研究征程。当时中国科学院海洋研究所的学术氛围非常好，拥有曾呈奎、刘瑞玉、秦蕴珊、郑守仪、胡敦欣、方国洪、侯保荣、王荣、赵一阳、喻普之、赵松龄等著名科学家，我们研究生能经常见到他们，这无形中给予了我们鼓励。

亚洲大陆边缘沉积地质研究

自从我 1989 年进入中国科学院海洋研究所攻读海洋地质博士学位开始，至今一直从事海洋沉积学方面的研究工作。1997 年，调到国家海洋局第一海洋研究所（现自然资源部第一海洋研究所）工作后，我在继续进行海洋沉积学研究的同时，又开展了深海矿产资源方面的研究。回首 30 多年来的工作，不敢说有什么重大成就，但也确实做了不少工作。

我最初的海洋沉积学研究是从做博士学位论文开始的，论文在西菲律宾海沉积物中发现了风尘沉积，阐述了其沉积特征、沉积作用及环境演化，这是在我的导师陈丽蓉教授以及秦蕴珊院士、赵松龄教授指导下完成的。这项工作可能是我国最早开展的深海风尘沉积研究工作，在当时还是有一定的影响，发表的几篇论文至今仍然被引用。我也凭这项研究成果一毕业就申请获得了中国科学院院长基金项目和国家自然科学基金青年基金项目。

30 多年来，我和我的团队在海洋沉积学上最主要的工作是对亚洲大陆边缘沉积地质学的研究。

从地质学上讲，大陆边缘是指大陆与大洋盆地的边界地带，包括大陆架、大陆坡、大陆隆及海沟等海底地貌 - 构造单元；

作为大陆和大洋两大巨型地质过渡带和转换带，汇集了全球 90% 的沉积物，也是地质作用和环境的记录的主要载体，还是海洋资源富集和海洋经济发展的主要场所。所谓亚洲大陆边缘是指环绕亚洲陆地的大陆边缘，包括亚洲大陆南面的东印度洋大陆边缘、东面的西太平洋大陆边缘（包括中国海）和北面的北冰洋东北大陆边缘。

我们在对中国海沉积学系统研究基础上，通过与俄罗斯、泰国、马来西亚、印度尼西亚、孟加拉国、柬埔寨等国的合作，对北起北极的拉普捷夫海、东西伯利亚海、楚科奇海，西太平洋的白令海、鄂霍次克海、日本海，南面的巽他陆架、泰国湾、安达曼海和孟加拉湾进行了沉积学调查研究，实施了 30 多次联合科考，第一次系统获得了这一广大地区的样品和资料，在国际上首次编制了该区 1∶300 万沉积物类型图和沉积环境分区图，以及印太交汇区 1∶100 万沉积物类型图。近年出版了迄今精度最高的 1∶100 万《渤海、黄海和东海沉积物类型图》和《南海沉积

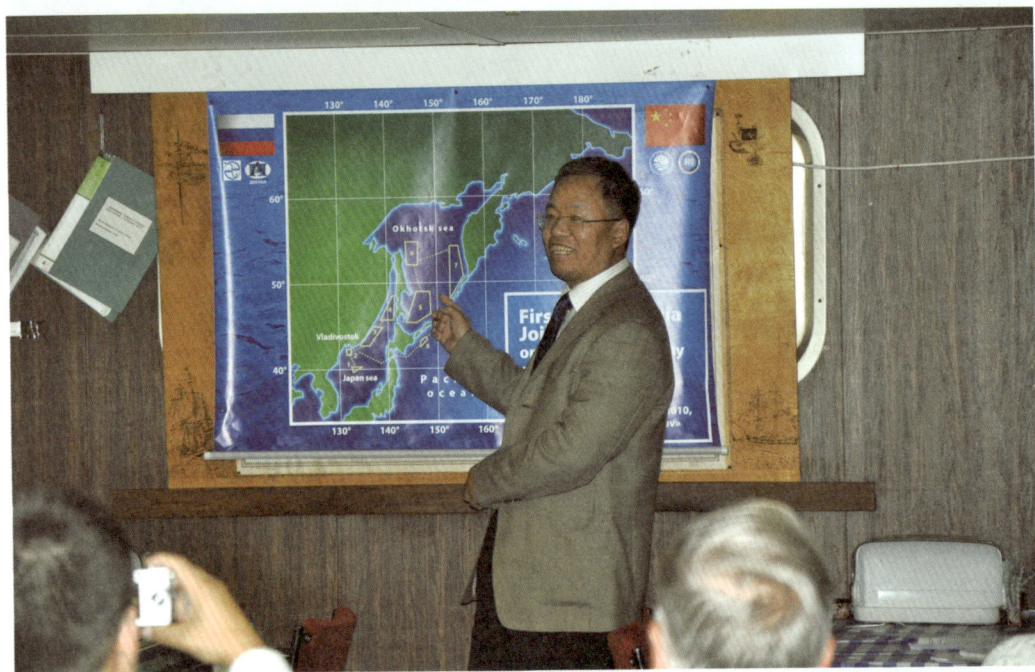

2010 年石学法在符拉迪沃斯托克中俄合作讨论会上做报告

物类型图》，详细阐明了中国海现代沉积特征及变化规律。

与此同时，我们发起实施了"亚洲大陆边缘源 - 汇过程与陆海相互作用"大型国际合作项目，联合上述国家及日本、韩国、美国、德国、法国、英国、加拿大等国家科学家共同开展了研究。该研究丰富发展了亚洲大陆边缘沉积物"源 - 汇"理论体系，阐明了亚洲大陆边缘不同纬度入海河流沉积物源岩属性，揭示了亚洲大陆边缘关键海域沉积特征和环境演变规律；重建了第四纪亚洲大陆边缘古环境古气候演化历史，阐述了气候、海平面、季风、边界流系及海冰对沉积作用和古环境演化的驱动机制。

这项工作是目前为止在国际上在该区做的相关研究工作中最详细、最系统的，研究显著提升了对亚洲大陆边缘地质演化的认知水平，为"海上丝绸之路"及"冰上丝绸之路"建设提供了支撑，为海底环境保障、海洋资源开发利用、防灾减灾和国家权益维护提供了依据。围绕这项研究，团队成员先后发表了 200 多篇研究论文，获 3 项省部级一等奖。

发现深海稀土

在深海矿产资源研究方面，我们团队最主要的工作是关于深海稀土的发现和南大西洋热液硫化物的发现。

先说深海稀土的发现。我国人人大概都知道稀土元素，因为中国是世界第一稀土大国，邓小平曾经说过"中东有石油，中国有稀土"，可见稀土对于中国的重要性。2011 年，日本科学家宣布，在太平洋里发现了"富稀土泥"，有可能被开发利用成为"稀土矿床"，这在国际上特别是在中国引起了很大震动。在这之前人们是不知道深海里有富稀土沉积物的。当时国内许多专家不相信这个发现，纷纷在媒体上发表看法，觉得日本宣布这个发现主

2015年石学法在印度洋稀土资源调查航次担任首席科学家

要是为了争取在稀土方面取得主动权。我没有研究过稀土矿床，但我曾经研究过深海沉积物稀土元素地球化学。尽管我们一时找不到日本宣布的相应海区位置的样品，不能马上进行验证，我从直觉上和理智上都相信他们的发现，并相信他们的数据。

我马上就向中国大洋协会提出了开展深海稀土调查研究的建议，并且提出了可能的站位，由中国大洋协会办公室发给了当时正在海上执行大洋调查任务的"大洋一号"和"海洋六号"等调查船取样。同时，我提出了临时立项申请，经过两次评审答辩，终于说服了有关专家，于2012年在中国大洋协会设立了"世界大洋海底稀土资源潜力评估"课题，这是我国第一个深海稀土研究课题。我和我的研究团队，仔细分析研究已有资料，提出了在中印度洋海盆、西太平洋和东南太平洋可能存在的稀土富集区。后来证实，在这个3个区域都发现了大面积深海稀土富集区。

最令我难忘的是中印度洋深海稀土的

发现。2015年，我担任大洋34航次第5航段首席科学家，在全船队员的共同努力下，在中印度洋海盆发现了30多万平方千米的富稀土沉积区，验证了我们前期提出的工作设想，这也是国际上第一次在印度洋发现大面积富稀土沉积区，引起了国内外的广泛关注。这项成果入选了当年的全国十大海洋科技进展。

当然，具体的发现研究过程还是很复杂的，没有这么简单。实际上这个航段开展得并不顺利，5月份印度洋的海况很差，第一次重力柱取样就没有成功，没有取上沉积物样品，但是最终我们还是成功取上来理想的沉积物样品，发现了大面积深海稀土沉积区。至今我仍记得自己当时高兴的心情。2015年恰是我50岁生日，我在日记中写道："这次发现是上天送给我最好的生日礼物，我感谢所有的人。"第二年，我又担任大洋39航次第5航段首席科学家来该区进一步开展工作。我们团队至今几乎每年都到印度洋和太平洋从事深海稀土调查。

2018年，我又担任大洋46航次（环球航次）首席科学家，和我的同事们一起在东南太平洋发现了大面积富稀土沉积区。基于我们的航次调查样品资料，并结合国际上的研究资料，我们初步划分了世界大洋富稀土成矿带，划分出了西太平洋、中-东太平洋、东南太平洋和中印度洋-沃顿海盆4个深海稀土成矿带，探讨了深海稀土超常富集机制，提出了深海稀土成矿模式。我们的工作使我国成为国际上在深海稀土调查研究方面领先的两个国家之一。我们的工作在国内外也起到了一定的引领作用，在大洋协会开展稀土研究之后，中国地质调查局也开展了这方面的调查研究。

2019年石学法（右五）在环球综合环境科考航次暨大洋46航次担任首席科学家

发现南大西洋中脊热液硫化物

我在深海成矿作用研究方面的另一项工作是关于南大西洋热液硫化物的发现和研究，这项工作比深海稀土研究工作要早，可以追溯到 2006 年。这项工作与深海稀土的研究不同，深海稀土研究课题的研究设想、技术路线、研究方案、航次设计等都是由我主持的，可以说是亲力亲为。而南大西洋热液硫化物的工作我主要提出了研究设想和选区，具体工作主要由团队其他同事完成的。

当时我国在东太平洋洋隆和西南太平洋脊都发现了热液硫化物，洋中脊热液活动一下子成为我国地学界特别是海洋地质界的研究前沿和热点。我们项目组当时正与位于圣彼得堡的俄罗斯全俄海洋地质与矿产资源研究所的科学家开展大洋矿产资源方面的合作研究。大家知道俄罗斯在北大西洋热液硫化物方面做了非常杰出的工作，有重要发现。我们通过收集全球洋中脊资料注意到，当时在南纬 11°以南的南大西洋中脊上没

有热液硫化物发现的报道。是南大西洋没有中脊热液硫化物呢，还是调查研究程度不够？我们提出了这个问题。经过对比南、北大西洋中脊的地质条件和特征，我们认为南大西洋脊具备发育热液硫化物的条件，于是提出了可能的热液活动发育区域。实际上我们的思路很简单，就是看看俄罗斯在北大西洋发育热硫化物的区域有什么地质条件和特征，然后在南大西洋中脊寻找有这些条件和特征的区域，这也是地质学常用的比较法。我把这个设想作为一部分内容申请到了科技部的重大国际合作项目"深海多金属成矿作用和成矿系统研究"，很幸运，很快通过专家评审，得到了批准。在系统研究的基础上，项目组提出了南大西洋热液硫化物比较明确的调查靶区，在 2009 年通过了中国大洋协会的航次论证。

航次调查结果验证了我们的猜测，这是我国首次在南大西洋发现热液硫化

物。与我们合作的俄方首席科学家安德烈耶夫教授为此得到了胡锦涛主席颁发的纪念中俄（苏）建交 60 周年中俄友谊合作奖章。客观地说，安德烈耶夫教授尽管没有直接参与南大西洋的硫化物的工作，但是他和我们合作研究北大西洋硫化物的成矿条件，对于我们在南大西洋硫化物的发现还是有很重要的启发作用的。自 2009 年至今，我们团队在南大西洋长约 2000 千米、面积达 80 万平方千米的洋中脊进行了调查研究，发现了多处热液区和硫化物成矿区。南大西洋热液硫化物区的发现不但为我国的海底热液硫化物勘查做出了重要贡献，使我国实现了进军大西洋科考的目标，同时有力推动了国际上洋中脊热液活动和成矿作用理论的研究。

海洋科考和大洋样品馆

　　长期从事海洋地质调查研究工作，使我认识到海洋科考和地质样品保存是两项非常重要的工作，是海洋地质学研究的基础。

　　从工作到现在，我主持和参加了有十几次大型海洋科考活动，小型科考的次数记不清了。我参加的大型科考航次，包括我国自主的海洋科考，更多的是国际合作科考。印象比较深刻的有这么几次：2015 年大洋 34 航次发现中印度洋海盆深海稀土，2018 年大洋 46 航次在东南太平洋发现大面积深海稀土，2010 年作为首席科学家参加第一次中俄（日本海）联合调查航次，2016 年参加第一次中俄北极联合调查航次，2017 年作为大洋 38 航次第二航段首席科学家在南海参加"蛟龙号"珍贝海山深潜航次。可以说，我国是目前国际上大洋和极地科考最具活力的国家之一，科考水平不断提高，科考能力不断提升。但是客观地说，我们的大洋科考或说

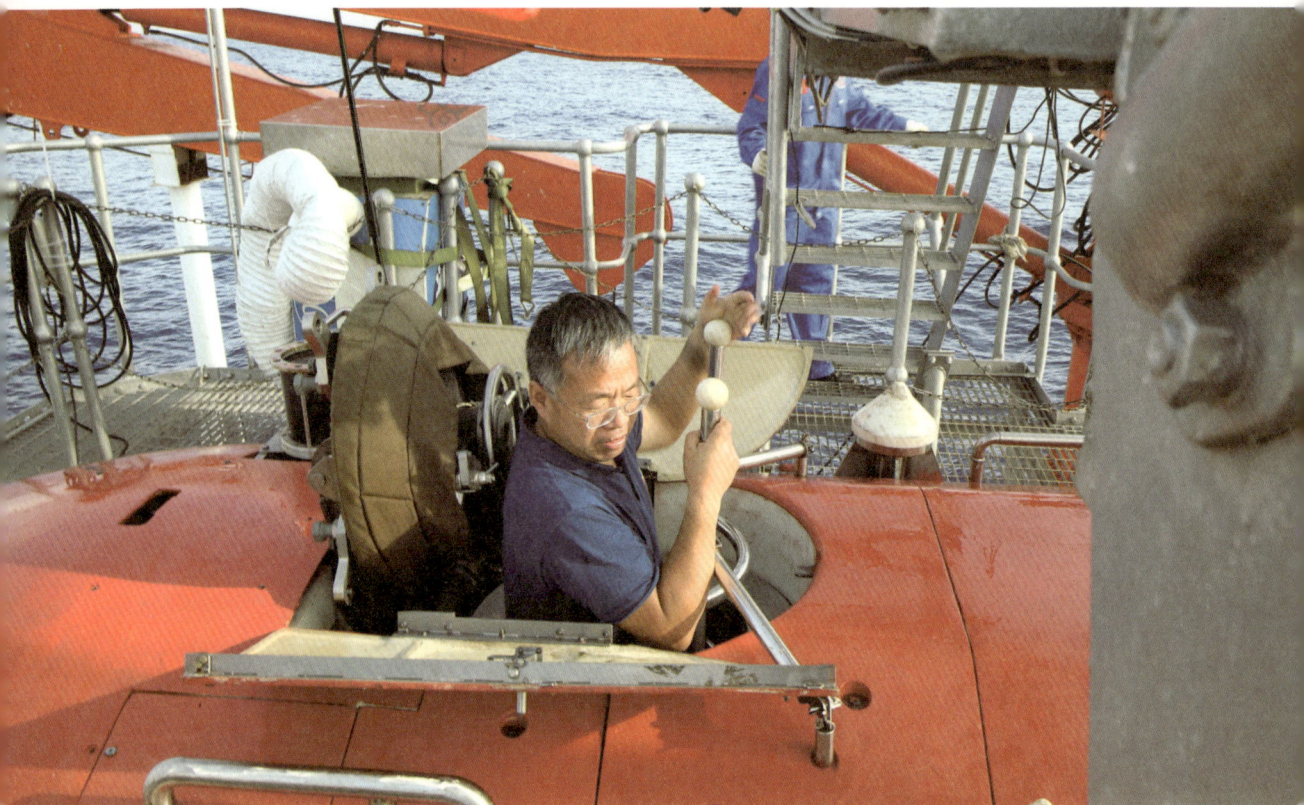

2017 年 4 月石学法乘"蛟龙"号在南海珍贝海山结束深潜后出舱

深海科考能力在国际上处于"第二梯队"，还达不到第一梯队的水平。特别是我们的主要科考仪器设备还是靠进口，少有率先独创研发的科考设备，这就制约了我们的科考发现。解决这个问题，需要科学家和工程师很好地沟通配合。

作为一个科研工作者，我从事海洋地质研究已经 30 年，做了不少工作。但是在我看来，我主持中国大洋样品馆的贡献比

2016 年石学法（右一）在俄罗斯北极科考船上工作

科研工作贡献都要大。因为我在大洋样品馆的工作，为更多从事深海研究的科学家提供了支撑平台。可以毫不矫情地说，我把大洋样品馆当成了自己的家来看待。每当看到这么多样品，我都会想起当研究生时获取深海样品的艰难，就会要求自己和样品馆的同事要做好服务工作，让有需求的科学家能尽快得到样品开展研究。这些样品在我眼中是有生命的，一个样品就是一部浩瀚的历史，等着我们去解读。

前面谈到了我 30 多年来从事海洋地质研究的一点工作，这些工作主要是和团队同事们一起完成的，我个人的作用还是有限的。海洋科学研究本来就是"大兵团作战"式的，需要集体的力量和智慧。如果说我还取得了一点成果的话，要感谢我的所有团队成员和所有帮助过我的人。我希望在今后的时间内，努力带好团队，努力培养年轻人，希望在亚洲大陆边缘沉积学研究和深海矿产研究中取得新的突破。

2009 年石学法（右三）在中国大洋样品馆接待来访的马来西亚科学家

涵海溯源，探索古今海底世界

海洋地质学与洋底动力学专家 李三忠

科学家简介

李三忠，中国海洋大学二级教授、博士生导师，海洋地质学与洋底动力学专家。德国莱布尼茨科学学会会士，国际冈瓦纳研究协会顾问委员会委员、执行委员会副主席，国家自然科学基金创新群体学术带头人，国家杰出青年基金获得者，享受国务院政府特殊津贴，入选泰山学者特聘教授和攀登计划。现任海底科学与探测技术教育部重点实验室主任、深海圈层与地球系统教育部前沿科学中心副主任、海洋高等研究院副院长、海洋地球科学学院副院长等职务，兼任 Geosystems and Geoenvironment 刊创刊人与共同主编、《海洋学研究》国内核心期刊主编。

李三忠教授长期从事洋底动力学、大陆动力学、前寒武纪地球动力学和地球系统动力学研究，构建了微板块构造理论框架，专长于海底构造研究，理论、技术与应用研究并重，开拓海底科学与技术领域的智能感知、数字勘探和精准预测技术体系，探索深海圈层耦合问题。出版著作 13 部，发表论文 700 余篇，其中在国际顶尖和权威期刊发表论文 400 多篇，授权国家发明专利或国家实用新型发明专利 12 项。荣获国家自然科学二等奖 1 项、李四光地质科学奖科研奖、中国地质学会金锤奖、省部级一等奖 1 项及二等奖 5 项等奖项，获山东省先进科技工作者、山东省先进工作者等荣誉。

结缘海洋科学研究

人类赖以生存的地表海陆两分，海陆可以转换，正如古人所言：沧海桑田。陆地是人们熟悉的生存环境，也是我在1998年10月之前长达10年的研究对象。那10年间，我不断探寻海陆变迁过程中消失的海洋、现今的陆地，对古特提斯洋、古太平洋等古海洋构造进行了深入探索，踏遍我国除新疆之外的所有省份。那10年探索生涯算是我结缘海洋科学的第一个阶段。

1998年10月，我从西北大学博士后出站，来到中国海洋大学工作，开始转向我既熟悉又陌生的海洋地质学研究。1998—2009年这10年，则是我正式面对现代海洋、结缘海洋科学的第二个阶段，也是我海洋地质学生涯的关键转折时期。

这10年始于三尺讲台上的教学。我先后主讲过本科生或研究生的"海洋地质学""高级海洋地质学""大陆边缘构造""海底构造原理"，近期还新开设了"海底构造系统""区域海底构造""洋底动力学""Marine Geosciences"等多门不同层次的专业课程，也面向全校本科生开设了"海洋大历史"等通识课。我的海洋地质学研究工作始于1999年承担的一个渤海湾盆地的油气勘探项目。一直到2009年，我侧重陆架含油气盆地，也就是近海洋地质研究，先后探索了渤海、东海、黄海的海底构造，目的是寻找海底石油。但受限于国情，以当时中国海洋地质研究的能力，还难以大规模进入深海大洋。

幸运的是，我很快迎来了一个新的转折点。2009年我申请并获得了国际大洋钻探计划（IODP）的支持，任324航次构造组组长，一脚踏入深海大洋的西北太平洋，首次将我的"战场"拉到了真正的大洋地壳、大洋板块。这是我学术生涯的一次巨大转折。这次搭载美国"决心号"大洋钻探船的钻探经历也为我2015年以一己之力于一个月内为国家实验室撰写完成"中国大洋钻探船立项书"奠定了坚实基础。我们所听闻的"地学革命"是

2009 年李三忠在美国"决心号"大洋钻探船上工作

1968 年以来基于大洋板块研究的板块构造理论，推动地球科学（包括海洋科学）发生了巨变。该理论与相对论、分子遗传学、量子论并称为"20 世纪四大自然科学理论"，足见起源于海洋科学的板块构造理论的生机与活力。但理论提出之后尚须检验。2009 年的海上考察是以钻探为手段开展板块构造理论检验的大洋海底研究，仅是一孔之见。要大面积认知海底，还需要更多的地球物理手段。同年，我主持的科技部 863 计划海洋领域重点项目启动，我作为项目首席科学家，在大家的支持下，顺利组建了一支庞大的多单位、多学科队伍，开始了海洋地质学与海洋地球物理学的深度交叉融合研究。至此，我的海洋地质学研究生涯全面展开。我不断拓展研究领域，所研究海域不仅涵盖了南海等边缘海，而且快速覆盖了几乎全部的印度洋、太平洋，深耕"两洋一海"及其洋陆过渡带，不仅关注油气水合物能源赋存规律，也关注海底多金属结核结壳资源分布规律，更关注海底滑坡和地震等大型灾害规律研究。

截至 2019 年，我已陆续主持完成了十多项国家级重点、重大项目。期间，我的海洋地质学教学工作也一直持续不断。20 多年的教学经验以及对国际海洋地质学领域研究进展的不断跟踪，慢慢结出硕果，2017 年起我连续在科学出版社主编出版了国际上首套海底科学与技术丛书——《海底构造原理》《海底构造系统（上、下册）》《区域海底构造（上、中、下册）》《洋底动力学（系统篇、动力篇、技术篇、模拟篇、应用篇）》等 13 部教材，以及《全球微板块构造重磁图集》《全球微板块构造层析图集》2 部专著，并在该出版社参编出版 *Marine Geosciences* 等著作多部。这些成果连续多年获得了国家海洋优秀科技图书奖。

师者为师亦为范，传道授业乃师者职责，为国家海洋强国建设培养拔尖创新人才亦乃吾辈责任。多年来，我培养的海洋地质专业硕士、博士和博士后已逾百位，也培养出了一批新一代青年教师；创立了洋底动力学新学科，构建了相关课程体系。此外，我还组建了一支洋底动力学创新团队，截至 2022 年底，团队成员已有教授 19 位、副教授 30 位，其中国家杰青 2 位、泰山学者 3 位、国家优青 3 位、山东省杰青 3 位和优青 3 位、青年泰山学者 1 位。2009—2019 年这第三个 10 年中不断壮大的人才队伍，为我国海洋地质学研究积蓄了一股强大的创新力量。

2020 年起，我的海洋地质学研究进入第四个阶段，即拓展阶段，针对"深时、深地、深海、深空"中的海洋科学问题或海洋地质问题不断创新。此前，因长期从事洋陆岩石圈变形变位及海洋地质的教学与研究，在国家人才计划资助下，先后在前寒武纪地球动力学、大陆动力学、洋底动力学和地球系统动力学四大领域深入探索；聚焦微板块，在微陆块聚散、微洋块生消和微幔块深浅耦合机制方面，做出了原创性和系统性成果，构建了微板块构造理论框架，为解答传统"大板块"构造理论的"板块起源、板块动力和板块登陆"三大难题提供了新思路、新途径。对全球微板块最为发育的中国，开展了详细的构造解析，兼顾陆地与海洋地质研究，这成为我从全球角度思考基础理论问题的重要基石。此后，2021年我作为国家自然科学基金创新群体项目学术带头人，紧抓人类赖以生存的地貌界面，开展古地貌动态重建。研究不仅涉及古陆表地形，也涉及古海底地形，是地球内外动力综合塑造的结果，是资源、能源、环境、灾害的载体，自然也是开展地球宜居性、地球系统多圈层相互作用研究的关键，是探索微板块、碳构造、元地球的出发点。

30多年海洋地质研究生涯中，我尽力一步一脚印地往前走，逐渐得到行业界的关注。我逐渐承担起一些公共事务，为行业发展服务。如应邀担任《海洋学研究》主编、*Journal of Ocean University of China* 常务副主编，担任《海洋地质与第四纪地质》《海洋地质前沿》等海洋类期

2014年李三忠在我国台湾野柳地质公园考察

刊的编委，也曾为中国海洋与湖沼学会理事、中国科学院边缘海地质重点实验室学术委员会委员等。围绕海洋地质学进展，多次组织国际和国内大型学术交流活动，如组织过2010年、2021年、2022年IAGR国际会议并任主席或共同主席，也参与了大量相关学术评价事务。

每一位立志科学报国、投身教育事业的人都自有一番"苦行僧"的觉悟。我也是，心怀国之大者，争做"大先生"。这30年间，我不曾停歇探索的脚步，我的海洋科学研究与国家发展命脉相通、与海洋强国同频共振。我作为一名海洋地质学"行者"，足迹遍布我国大江南北，也曾踏遍世界各洲。期间，我曾因职业病经历过6次手术，也曾以雷打不动地每日18个小时工作，致使身体不堪重负甚至无法从书桌旁起身，常工作到"扶然而后起、杖然而后行"的状态；经历过深山村野被狗狂追的狼狈逃窜、野外悬崖翻车坠河的窘迫；也经历了家慈过世，我却在千里之外的太平洋的海面上无法赶回的痛苦……磨难虽多，我的"初心"从未变过。我曾于地球屋脊青藏高原、最深深渊马里亚纳探险，到最北考察俄罗斯贝加尔湖，最南涉足澳大利亚新英格兰海岸带，向西仰望阿尔金的雪山，往东丈量我国台湾岛的土地……

解码深时超大洋，探索微板块生消聚散机制

地球之广袤，不是人人能体察到的。我从小生在内陆，对海洋没有任何概念。我第一次对海洋提起兴趣，还是上大学一年级的时候，那是第一次野外认识实习，去大连金石滩考察海岸地貌。随后，在大学二年级学习地球历史课程时，老师根据岩石以及其中的古生物化石，就能判断海水有多深，这是浅海、半深海、深海生物。这些古生物都是消亡好几亿年的生命，也就是说这海洋也消亡很久了。这对

我来说很是神奇，也激发了我对深时海洋（约 2 亿年前的海洋）的兴趣。

这种沧海桑田变换，早在千年前北宋科学家沈括就据太行山化石做过科学解读，认为是地球表面垂直隆升和沉降的结果。但是，直到 200 多年前地质学诞生之初，西方世界才有类似观点，随后演变为槽台学说，为固定论代表，这个学说"统治"了学术界 50 多年。直到 1912 年，德国气象学家魏格纳（Wegener）提出大陆漂移学说，认为大陆可以发生水平运动。这打破了长期认为的地球表面位置是固定不动、只能上下运动的"固定论"认识，称为活动论。后来第二次世界大战因猎潜需要，海底地形探测快速发展，人们发现海底正中央也有大型山脉，称其为洋中脊，而且以此为中轴，两侧的海水深度是对称的，还可以用公式计算水深，进而于 1963 年提出了海底扩张学说。1968 年，板块构造理论诞生了，而这一年，我也出生了。板块构造理论融合了大陆漂移学说和海底扩张学说，认为稳定的刚性块体就是板块，变形只发生在板块边缘，以地震、火山之类灾害为板块活动标志。但对

中国而言，这个理论"生不逢时"，那时中国处于"文化大革命"期间，少有人关注这个理论。1986 年我参加高考，有幸被长春地质学院地质学专业录取，在大学学习之前，我对前面所述激烈争论的地球知识一无所知。实际上，自 1979 年改革开放开始，10 年科学春风浩荡下，极少数中国学者开始了板块构造理论探索，但因绝大多数学者对这个理论没有任何实践体验，师资匮乏，所以直到 1990 年我大学四年级的时候，相关课程也只是一门大学选修课，因而我也就没有选学该课，而是选择了李四光院士创立的"地质力学"一课，导致错失早些深入认识海洋的良机。直到研究生阶段，我才知道了融合前人地球认知的板块构造理论，凭借勤奋自学，才开始逐渐了解沧海桑田、海陆变换机制。

地质学是一门基于实践的科学，常被嘲笑为"不是科学的科学"。实践中以观察为首要手段，因而当时的地质学曾被定性为描述性学科。1988 年起，我开始从事这种地质实践训练，先后于吉林夹皮沟的原始森林、辽宁辽东半岛地区开展地质

调查，观察各种各样的石头，并没有直接对沧海桑田变换中消失的海洋开展研究。在我首次选择研究题目时，我的导师根据他的项目需要，给我两个选择：是做花岗岩，还是做沉积岩？因为从小对细腻的结构感兴趣，就选择了成层性好又易于揉褶出各种漂亮形状的沉积岩作为研究对象。我选的这套沉积岩叫辽河群，里面有海洋中沉积的碳酸盐岩，还有 19 亿年的生命化石——叠层石。这激起我对地球深时海洋过程及其中逝去生命的好奇心。直到 1996 年博士毕业，我在辽河群研究上花费了 6 年时光。期间，积累的丰富野外调查经验和较强地质现象观察力，是我后来系统研究海洋消失机制的宝贵财富。观察中善于发现是我博士生导师杨振升教授授予我的第一笔人生财富，使我受益终生。

1998—2015 年期间，我持续与香港大学赵国春院士和孙敏教授合作，不仅研究辽东，对河北、河南、山西、山东、内蒙古等更大范围进行了野外考察，观察岩石中的各种地质记录，视野不断扩大，开展 19 亿年前海洋的寻觅，发现了多个消失的深时海洋。海洋之间有很多微陆块，

2010 年 IAGR 国际会议期间李三忠带队野外考察（山东青岛仰口）

这些微陆块随着这些深时海洋的消失，最后聚集在一起，形成了现今华北地区完整而稳定的陆地（地质上叫华北克拉通）。这些海洋消亡事件都发生在 25 亿～18 亿年期间，非常古老，而这正关乎 20 世纪末期国际地学界最为关注的科学前沿——地球上板块构造始于何时。特别是，赵国春院士等 2002 年提出后、我们 2004 年又进一步论证发现，与世界其他地区相似，25 亿年于华北起始的板块构造，推动了一系列微陆块聚合，最终于 18 亿年与全球其他微陆块形成了一个超级大陆——哥伦比亚超大陆。该超大陆的外围为单一的海洋，即超大洋。

这期间，我最为高兴的是 2007 年获得了职业生涯中第一个重奖——中国地质学会青年地质科技奖金锤奖，同年获批国家留学基金委资助，留学德国莱布尼兹海洋研究所。但最为煎熬的也是这年开启的国家杰出青年基金申请，历经 7 年，坎坷曲折，到达申请年限的 45 岁时，才得到了可贵的最后一次答辩机会。我拼尽全力准备，答辩前三天三夜没合眼，最终成功了。这一荣誉给我加速走

向现代海洋科学研究提供了一个良好契机和巨大推力。

2015 年，在学校大力支持下，我开始组建团队，开启有组织的科研活动，凝聚起团队优势力量做大事，借着承担国家重点研发计划之机，带领队伍侧重 18 亿～10 亿年的全球古海陆格局重建工作，动态再现了海洋如何变迁。我依然从熟悉的中国三大微陆块及其间可能的古海洋出发，广泛收集全球古地磁资料，利用从国际合作伙伴澳大利亚悉尼大学那里学来的最先进的 GPlates 板块重建技术，2019 年先定性重建了全球 18 亿～6 亿年期间的超大陆 - 超大洋格局；同年基于此，以我团队为主，与国际多所大学合作持续多年，直到 2022 年终于实现了全球 18 亿～6 亿年期间超大陆 - 超大洋格局的动态重建，这一成果在现今国际上也是最为先进的板块重建模型。这个经历启发我，国际科技合作是双赢的事情，脱钩断链是行不通的。虽然技术是国外的，但他们了解中国地质并不如我们深刻，因此他们基于技术做的全球模型总是与中国地质事实不吻合，

可见全球问题离不开中国，中国也需要拥抱世界。

对深时海洋、深时超大洋，我从一无所知到国际领先，从模仿学习到激烈竞争，历时30年心血与艰辛，背靠祖国的山山水水，基于陆地地质记录，揭示这些消失海洋的神秘面纱，弥补了基于海洋地质研究而提出的板块构造理论的三大不足，进而提出了微板块构造理论框架，以此也获得了中国地质行业界最高奖——李四光地质科学奖科研奖。很多人因深时海洋的研究归宿是陆地，进而认为我是做陆地研究的，不懂海洋科学，实际这只是我职业工作的三分之一。我付出了常人三倍的精力，当然也获得了超过常人三倍的成果，在其他两项更为重要的工作中也取得了骄人成绩：对现今海陆边界地带的洋陆过渡带深入开展了石油盆地构造研究和对现今深海大洋的海底构造研究。

深耕洋陆过渡带，开启大陆架油气智能勘探

科学的本质是预测，科学要追求国际一流，更要服务国家急需、人类进步。海洋地质学是一门面向国民经济主战场、具有较强社会服务能力的海洋学科。中国是一个人口众多、资源相对贫乏的大国，陆地资源日益枯竭，作为国民经济血液的油气、未来新型清洁替代能源的天然气水合物主要发育于洋陆过渡带，因此洋陆过渡带研究具有重大的社会、经济、安全、科学价值。洋陆过渡带是大洋与大陆岩石圈相互作用的复杂地带。洋与陆之间多类型微板块的复杂相互作用使得对该地带油气成藏、金属成矿的预测困难重重，需要极其昂贵的大型探测设备支持。1999年学校的海洋调查装备状况是难以满足学者获取海量数据需求的。

面对难题，唯有合作是解决之道。我1999年白手起家，挑灯夜战不断学习现代

海洋科学知识同时，向中石油寻求项目支持，从当时调查勘探资料最多的渤海湾盆地开始，开启了我从陆地造山带（造山带也意味消失的海洋）研究向海洋含油气盆地研究的转变。10 年后的 2008 年，我又开展了南黄海盆地、东海陆架盆地、南海珠江口盆地等含油气盆地的研究。十年又十年，我就这样不断寻找合作契机，与中石油、中石化、中海油三大油田公司合作20 多年，获得不少海域难得的地震剖面等基础地质地球物理资料。我如饥似渴地消化这些资料，夜以继日、不知疲倦地潜心于洋陆过渡带结构构造研究，从思考关键基础科学问题，到攻克一个个难题，最终建立起统一的东亚含油气盆地成因的统一模式，发展了"跨盆地"事件、整盆解剖、跨盆关联的结构构造对比法，而且这些理论成果也得到了油田部门实践应用的不断证实。由此我树立了在洋陆过渡带领域的研究地位，在 2014 年主导了国家自然科学基金委"洋陆过渡带"的相关战略报告编写和重点资助方向建议，推动了行业发展。

长期与以技术见长的大型油田公司打交道，我深切感觉到没有独门技术是行不通的，理论工作者也需要高精尖技术支撑。这促使我在掌握油田常用的Geoframe、Landmark 大型地震处理软件系统基础上，在新技术上也下了大功夫。洋陆过渡带最核心的技术难点在于：要认清海洋和陆地耦合过程、深部和浅部耦合过程、流体和固体耦合过程。为此，我推动团队不断攻克"卡脖子"技术，在实践中革新洋陆过渡带精细层析技术、Badlands 定量盆地模拟技术、CitcomS 地幔动力学模拟技术、基于微板块的 Gplates 板块重构技术等，并最终综合应用这些技术，实现了对这三个耦合的突破。这也为解决西太平洋多圈层相互作用中的流固耦合等前沿科学问题做出了新突破。

洋陆过渡带研究的核心任务是：通过海洋地质研究，解决陆地地质难以解决的问题，对相关资源、能源和灾害做出预测或预警。这必然要求我既熟悉海洋地质，又深刻了解陆地地质难题的本质，即海陆统筹。

2006—2011 年期间，除了研究古老洋盆记录之外，我还参与了张国伟院士承担的关于华南构造与石油潜力研究的中石化重大基础科学研究计划，利用这5年跑遍了华南各省。在华南炎热的夏季，一身汗、一身盐、一身雨地记录了摞起来比人高的野外记录本（原件存档于中石化资料库），几乎每页都是地质现象的精美素描，由此可见，成功从来就不是轻轻松松、敲锣打鼓就能实现的。基于这些野外第一手资料总结并结合古地磁、板块重建等，我对中生代以来东亚洋陆过渡带的盆地群做出了系列创新成果，集成构建了流体系统-盆地地貌-壳幔动力耦合的4D层序地层模拟技术体系，彻底改变了传统的2D层序地层模拟技术，跨越式实现了洋陆耦合、流固耦合与深浅耦合，利用超算的算力、算法，开启了洋陆过渡带智能勘探的新范式。

走向多圈层耦合，构架深远海地球系统科学

传统板块构造理论起源于海洋地质研究。几十年过去了，新的技术进步推动了大量新发现。深海大洋海底依然是科技创新的热土。为此，2009年我申请并参与了国际大洋钻探计划（IODP），在西北太平洋工作了整整2个月。这次参与国际合作计划，使我深切体会到多学科交叉的重要性。

2010年我去得克萨斯农工大学IODP总部完成IODP科研报告编写的同时，访问了伍兹霍尔海洋研究所和麻省理工学院，在那里我仔细调研了这些顶级机构的科学家成就和他们关注的科学问题，发现他们都是从全人类福祉角度思考重大基础科学问题。在广泛阅读了 *Nature*，*Science* 前后10年的相关成果后，我快速完成了一篇关于"四深"的论文，投稿到《地学前缘》，半个月后就发表了。一周后，这篇论文被国务院科技战略规划小组发现，随后我被邀请进入小组承担相关规划，

于 2016 年国务院发布"四深"创新驱动行动指南，成为国家自然科学基金委员会"三深一系统（深海、深地、深空与地球系统）"或自然资源部"三深一土"等诸多规划的遵循和众多国内重要会议的主题。

21 世纪是地球系统科学等复杂性科学的世纪，如何从深海大洋的海底角度切入，深入理解地球系统工作机制，是我当下的迫切任务。地球系统科学最为关键的是多圈层相互作用。我长期从事海底科学基础理论探索，发展了针对大板块的传统板块构造理论，提出了微板块构造理论框架，不仅适用于板块体制下，也可以拓展到非板块构造体制下，解答了当前板块构造理论中的许多难题。但微板块构造理论依然局限于解决地球的固体圈层过程和机理，而微板块构造与大板块构造的资源、环境、灾害效应都必然是多圈层相互作用的最终结果，这正是地球系统科学的前沿研究领域。为了在地球系统理念下解决这些前沿科学问题，我自学物理海洋知识、海洋生物地球化学理论、大气科学知识等，与深远海有关的自然科学知识无所不涉及，结合微板块聚散导致的洋流格局、大气环流变化等，开启了流固耦合为特色的地球系统动力学模拟工作。通过 4 年努力申请，从国家自然科学基金委海洋处获批了国家自然科学基金创新群体项目，以人类赖以生存的地貌界面入手，探索地球内外系统综合的资源、能源、环境、灾害效应，这将是我未来工作的又一次巨大飞跃。我们试图通过这次研究，推动深时及深远海地球系统科学的一次范式变革。

2020 年组织上安排我担纲深海圈层与地球系统教育部前沿科学中心副主任。岗位工作需要也迫使我深入学科融合培养造就高素质人才，以创新驱动深海科技高质量发展，才不负国家培养、组织信任。从此，我立志打破固体地球科学学科制约，开展与海洋科学、大气科学、地球动力学等跨一级学科的多学科交叉研究；从海陆 - 流固 - 深浅三耦合角度切入，探索地球系统动力学运行机制，提出了新生代地球系统动力学机制为"地表三极"与"海底三极"协同的"地球系统六极"驱动机制。从深时地球系统角度，2022 年我提出了地球系统运行模式的碳构造理论

2014 年"西太平洋洋陆过渡带壳幔－海洋系统、过程与动力学"高峰论坛，李三忠（右二）在青岛仰口湾榴辉岩变形野外考察

框架，这一成果于国际上的碳构造传送带几乎同时发表，这个框架中的地质碳泵概念也被 2022 年中欧科学院院士高端论坛总结采纳。

我也不断推动团队学习并利用国际最新技术，与悉尼大学 Dietmar Müller 院士等开展深度合作，以深时地球古地貌重建为切入点，以四维古海洋学和层序地层学为支撑，开展全球深时古地貌动态重建，这不仅仅涉及地幔对流模拟、岩石圈形变模拟、沉积泥沙输运动力学模拟、风化剥蚀动力过程模拟、地表流体（大气和海洋）动力学模拟，而且涉及地球大数据利用、数字孪生地球构建的技术体系。这项研究开拓性极强，也具有巨大应用前景，可能推动地球科学研究和调查的范式变革。为此，我构建了一个强大的多学科攻关团队，在吴立新院士的大力支持下，试图融合基于真实地球的快速感知、灾害监测和基于数字地球的智能勘探、精准预测，利用 E 级超算实现穿越时空的数字孪生地球（Digital Twin Earth）构建。

海洋地质学与洋底动力学专家 李三忠

不畏浮云遮望眼，心无旁骛勇向前

物理海洋学家　李建平

科学家简介

　　李建平，中国海洋大学特聘教授，物理海洋学家。现任未来海洋学院院长、深海圈层与地球系统教育部前沿科学中心主任委员会副主任、海洋碳中和中心主任，青岛海洋科学与技术试点国家实验室"鳌山人才"卓越科学家、国家杰青、首届全国百优博士论文获得者、国家 973 和国家重大研究计划项目首席科学家、美国夏威夷大学兼职教授、国际大地测量学与地球物理联合会（IUGG）会士、英国皇家气象学会会士、国际气候与环境变化委员会（CCEC）主席、国际气候学委员会（ICCL）主席、*Climate Dynamics* 执行主编等。

　　李建平教授在气候学基础理论与应用研究领域取得了具有国际影响的系统性创新成果，成果被美国国家大气海洋局（NOAA）、中国气象局等业务部门使用，对气候动力学的发展和推动业务预测做出了重要贡献。建立了非定常外强迫下气候的全局分析理论，创建了定量度量可预报性期限的非线性局部李雅普诺夫指数（NLLE）及其向量谱（NLLVs）理论、可预报性期限归因的条件非线性局部李雅普诺夫指数（CNLLE）方法。从中高低纬相互作用和海－陆－气相互作用动力学角度，系统揭示了环状模与热带协同影响中国气候的机理，系统建立了非均匀基流行星波传播新理论，提出扰动位能（PPE）新理论并应用于季风与海气相互作用研究，提出了有物理基础的东亚季风预测模型，推动和深化了东亚季风动力学研究与业务应用。发表论文 400 余篇，编译著 10 余部。获国家自然科学二等奖，享受国务院政府特殊津贴，入选路透社"气候变化研究领域全球最具影响力的 1000 位科学家（2021）"、斯坦福大学"2020、2021、2022 全球前 2% 顶尖科学家榜单"、"全球顶尖前 10 万科学家排名（2021）"、"全球最佳地球科学家（2022）"等荣誉。

结缘海洋科学研究

1969 年，我出生在一个极为普通的家庭。我的父亲在建筑工程公司上班，母亲没有正式工作，常在建筑公司成立的合作社做些农活儿。父亲参加过抗美援朝，并荣立两次三等功及军功章，奖状上有毛泽东主席的签名。"文革"期间由于种种原因，我的父亲也受到一定的牵连，因此，家从总公司被安置在偏远的农村。我们家是一个大家庭，有六个孩子，我排行老五，家境比较贫寒。我从很小的时候就分担起了家务。比如，四岁的时候，就开始学习擀面，由于个子很小，就站在小板凳上擀面，也学习煮玉米糊糊，热窝窝头等。冬天天还没亮时，冒着寒冬拿着铁丝做的小耙子和筐子就去家属区食堂锅炉房外面捡煤核儿，去晚了就可能无功而返。煤核儿是炉渣里没有烧透的煤，捡回来生火。

在上小学前，就开始帮助家里放羊，上小学期间每天放学后，回到家就去放羊，每当我走到家围墙外时，家里的羊听到我的脚步声就开始咩咩叫个不停，我放羊的技术很好，从不用牵羊，我走到哪里，羊就跟到哪里，很听话。由于我放羊技术好，邻居也让我放他们家的羊。放羊也让我的童年得到了很多快乐时光。

小时候家里粮食不足，我印象比较深的是每当庄稼收割季节，在人家收割完庄稼后，我就去捡麦子、稻子，还有玉米、红薯等。夏天天黑得比较晚，捡麦子或稻子会捡到很晚，总希望能多捡一些。捡庄稼的地方有时离家比较远，至少几里路，还要下一个山坡。当背着捡到的庄稼回家，天已经比较黑，经过的山坡上有很多坟头，有些还挂着白纸条或白帆，在微风中沙沙作响，透过微光看去，白帆在微风中上下飘动。说实话心里还是有点害怕，每当这个时候便不由自主加快了脚步，同时嘴里还哼唱着歌曲给自己壮胆。回到家中，就暗暗下定决心一定要好好学习，希望通过自己的努力来改变命运，改善家里的生活。

上中学之前，因为家里的房间少，每当远方的亲戚来家时，我就与亲戚们睡在一个大炕上。早上要早起看书，我怕打扰到亲戚们睡觉，就把头藏在被窝里打开手电读书，后来还是被亲戚们发现了。上初中后，每当周日，早上就骑半个多小时自行车到市里的书店看书，沉浸在书海之中，如饥似渴，心里很充实，忘记了时间，直到下午书店工作人员扯着嗓子清场时才意识到回家。平时在家，就坐在书桌前学习，坐下一动不动，如果时间太久了，母亲看着心疼，会时不时过来，关心地说："建平，别学习了，休息休息，去活动活动，不要把身体累坏了。"在感谢母亲关心的同时，我心里明白，只有坚持不懈地努力，才可能开创属于自己的美好生活。

罗曼·罗兰曾说过："人生是艰苦的，对不甘于平庸凡俗的人，那是一场无日无夜的战斗，往往是悲惨的、没有光华的、没有幸福的，在孤独与静寂中展开的斗争。"长大了我才深深理解这句名言。童年虽然穷苦一些，但我并不觉得痛苦，反而觉得锻炼了我的意志，人要有"不畏浮云遮望眼"的情怀和精神。就像钻石，不经受长期高温（1000℃～1500℃）、高压（约150千米～200千米的深度）无法形成其璀璨炫目的光芒。人生不会是一帆风顺的，要想成功、要想改变命运就要学会在痛苦中寻找快乐，持之以恒地寻找希望。只要敢于与命运斗争，充满光明的前途和幸福的生活就有可能实现。

在中学时期，我对数学非常感兴趣，可以说非常痴迷，加之20世纪80年代流行"学好数理化，走遍天下也不怕"，所以我计划上大学时学数学专业。当时还梦想着要在数论和微积分上有所建树，并尝试解决"费马猜想"。1987年报考志愿，我选择了兰州大学，当时可以选4个专业，我首选了数学，剩下的3个专业挨个儿从理科专业里寻找，看到了气象学专业。气象学专业我并不熟悉，当时天气预报的水平还不高，还不那么"深入人心"，老百姓对此了解较少，抱着试一试的态度就选为第二专业，结果被兰州大学大气科学系录取。虽然气象学不是我的首选专业，但我还是非常喜欢，以干一行爱一行精一行的态度来学习。后来发现气象学专业是一门以数学和物理为基础的科学，对数学的要求也是很高的，因此逐渐喜欢上这门学问。其实，人生不可能都遂愿，不遂愿也不要抱怨，随遇而安并竭力做到极致是一种积极的人生态度。在我博士期间，博士论文的题目需要微分动力系统理论和无穷维动力系统理论知识，涉及泛函分析、混沌动力学等数学专业的课程，我自学这些知识，中学时对数学的热爱也无形中帮助了我克服困难。

1997 年从兰州大学取得博士学位后，进入中国科学院大气物理研究所做博士后研究，出站后留在大气科学和地球流体力学数值模拟国家重点实验室工作。当时，罗德海教授任青岛海洋大学（现中国海洋大学）大气科学系主任，我们有一些非线性动力学方面的合作，因此对中国海洋大学有所了解。2001 年 7 月 5 日，我与穆穆院士被聘为中国海洋大学的兼职教授，便与海大结下缘分。从气候系统角度来

李建平（右二）2004 年访美期间与友人合影

说，海气本身不分家，研究大气科学要从系统学的角度出发，不能孤立地去研究。自 2010 年起我连续任中国海洋大学物理海洋教育部重点实验室学术委员会委员，使得我有更好的机会深入了解中国海洋学科最好的学府，也使我深深爱上了"海纳百川、取则行远"的中国海洋大学。2019 年初我调入中国海洋大学工作，从此与海洋科学更紧密地联系起来。

持之以恒的追求

自学生时代，我就养成了持之以恒的学习习惯。高中时我开始住校，每周日骑 40 分钟的自行车回一次家。一个星期家里给五元钱饭钱，平时省吃俭用，每周只在上体育课的那天，吃一顿肉菜。每周节省出的一元多钱全部买书。在上大学期间，每天晚上宿舍 11 点熄灯，只有楼道里还有灯光，所以我就搬个板凳在楼道里看书。在大四的时候，开始发表论文，并获得了兰州大学大学生优秀论文一等奖。

博士研究期间，在导师丑纪范院士的指导下从事气候动力学方程组的全局定性分析理论研究，开辟了研究气候系统运动规律的新途径，研究对于认识强迫耗散的气候系统演变及其预测具有重要的理论价值和广泛的应用前景。这方面的研究是由中国科学家首先提出并引入气候学研究领域的，不仅得到了国内学术界权威专家的高度评价，而且得到了国外气候学、物理学和数学等领域专家的高度重视和肯定。我的博士论文也因此获得了首届全国百篇优秀博士学位论文，并获得中国气象学会涂长望青年气象科技一等奖等奖励。

进入博士后研究期间，为了开拓新的研究领域，取得更大的科研成果，我没有把注意力仅仅停留在博士论文的研究范围，而是根据新的问题和发展趋势，确立新的方向和目标，这意味着要冒更大的风险，甚至一无所获、徒劳无功，但我选择了迎难而上。当时我在日记中写道："选择攻克艰难的问题，是一个创造性人才必须具备的胆识。对于热点问题，也绝不能盲目追随。热点都是由冷点转化而来，如果能瞄准目标，把一个有潜力的、大家没有注意到的冷点问题率先在国际上变成大家普遍关注的热点问题，那么就做出了原始性或原创性的工作，也才能真正在国际上占有一席之地。"我就是按照这种严格的标准来选题的，即使面对难题，也始终充满了信心。在微分方程数值计算方面，我在国际上首次提出了有限精度下的计算不确定性原理的全新理论，为数值模式最优计算提供了理论基础，具有重要的科学意义和学术价值，在实际航空精密计算、工程计算、天气数值预报和气候模拟中有广泛的应用前景。这方面的研究成果已经引起国内外同行的高度重视，我也获得了"中国科学院十大优秀博士后"称号。

李建平在办公室

对所有人来说，成功都来之不易。所以，每个想要成功的人都要坚持不懈、持之以恒地努力。爱因斯坦说："在天才和勤奋之间，我毫不迟疑地选择勤奋，它几乎是世界上一切成就的催生婆。"在博士后期间，为了攻克一个难题，我曾在办公室连续奋战7天7夜没有回家，实在太困了就在躺椅上打个盹儿，终于提出了计算不确定原理，提出的算法被国际上称为"李方法"。我在办公室工作一个星期，大家都心疼地让我回去休息休息，我乐观地说：为科研牺牲一点，值得。

工作后也一如既往，从不懈怠，我刻苦钻研的精神在全所出了名，被诙谐地称为"拼命三郎"。一年四季，不管是刮风下雨，还是节假日，办公室里总能见到我的身影。早晨我总是第一个步入办公室，晚上一直工作到深夜，工作时间在15个小时以上，几乎每天最晚回家，办公室的灯最晚熄灭。以前，电梯都有开电梯的工人，每天晚上12点关电梯。有一次，我晚上12点10分到家住的楼下，没想到电梯还开着，开电梯的女士说："你是楼里每天最晚回来的，你回来我就可以下班了。今天看你还没回来，我就多等几分钟，现在我可以下班了。"正像施一公先生说的那样："夜以继日的努力虽然很苦很累，但获得成功的喜悦可以让人忘记一切疲倦。"还有一次，我的右脚大拇指患了甲沟炎，但由于工作繁忙，一直没有时间到医院治疗。病情加重，才在医生的建议下进行了手术。医生让我至少休息两个星期，可我觉得工作忙，时间不等人，在手术后的第三天不顾大家的劝说就继续坚持工作了。由于手术包扎后不能穿鞋，在寒冷的天气里，我就拿一块毛巾裹在脚上，穿着拖鞋一瘸一拐地坚持上班。功夫不负有心人，我在科研上取得了较好的成

李建平（左）当选国际大地测量学与地球物理学联合会（IUGG）首批会士

果，34 岁时获评国家"杰出青年"，当时是大气海洋领域最年轻的，也获得了中国科学院优秀共产党员称号，这些是对我努力付出的认可。我也希望青年朋友们，用辛勤和汗水铸就成功！

奖掖后学，薪火相传

科学事业需要薪火相传，唯有如此，科学事业才能延绵不断，拾级而上。优秀的科学家应该具备甘为人梯、奖掖后学的精神，培育一代又一代的青年科学家健康成长、脱颖而出，为党和国家的事业建设与发展服务。我的成长也是我的老师们辛苦栽培、言传身教的结果，我也应当把这种优良传统继承并发扬光大。

在指导学生的过程中，既要严格培养，以身作则，又要循循善诱，及时发现他们的闪光之处。即使学生毕业了，也要持续帮助他们，扶持他们的成长。每当学

李建平院长（左 2）在《国际学术交流英语》课程中指导学员

生生病或家里有苦难时，我都会额外给他们津贴，以帮助他们渡过难关。自指导研究生至今，我已经培养了 60 余位博士生，包括 4 名海外留学生，他们大多都已成才，成长为单位里的优秀工作者，其中 2 位获得了国家杰出青年基金，4 位获得了"四青人才"，1 位获得首届国际大地测量学与地球物理学联合会（IUGG）青年科学家奖（每 4 年一届，每届全球 10 人），1 位获得国际大气科学协会（IAMAS）青年科学家奖（每 4 年一届，每届全球 1 人）。

坚守培养创造性人才的初心

物理海洋学家 李建平

习近平总书记在党的二十大报告中深刻指出，"培养造就大批德才兼备的高素质人才，是国家和民族长远发展大计"。人才是实现民族振兴的第一战略资源，创造性人才在民族振兴中发挥着引领性作用。因此，培养造就大批德才兼备的高素质人才是教育工作者的使命。

自 2020 年 12 月起，我担任中国海洋大学未来海洋学院的院长，重新制定了学院的定位和目标：以建设世界一流海洋学院为目标，致力于建成全球海洋领域未来杰出科学家、领军人才和有国际视野的高层次管理人才培养基地，构建服务于高水平科技自立自强国家战略的新型交叉学科人才培养范式，成为拔尖研究生教育的新型国际化学院。因此，培养大批创造性人才便成为我步入中年后人生事业的一个更大的初心。

未来海洋学院目前有学员 110 人，来自物理海洋学、海洋化学、海洋地质等 13 个研究生专业，形成了多学科交叉培养的局面。学院全面优化课程结构，初步构建交叉融合式课程体系，开设了国内首门海洋类文理工大交叉研究生公共选修课"经略海洋"、国内首门面向海洋科学研究生的人工智能课程"人工智能与大数据分

李建平主持首届"未来科学家"论坛

析"等。首次在全国开设"全球海洋公开课"，由世界顶尖科学家领衔主讲，在国内外引起重大反响，成为业界的标杆。学院的国际一流课程建设，不仅为推动学校研究生教育综合改革工作做出了重要贡献，而且使学院成为国内海洋领域交叉学科拔尖研究生培养的新高地。

未来海洋学院打造海洋领域世界一流的学术活动，已形成包括"未来海洋讲坛"、"院士面对面"、"扬帆未来讲堂"、"未来之光下午茶"、博士生学术沙龙等一系列学术活动。

学院的一个重要任务是要从"T"型人才培养转向"π"型人才培养。"T"型人才是一种创新型人才，其中的一横表示有广博的知识，一竖表示有一技之长。"π"型人才是高级复合型人才，比"T"型人才多了一竖，一说是指至少拥有两技之长，另一说是说要有情商，要有热情，要乐观向上，这很重要。马斯克说的"我宁愿要错误的乐观，也不要正确的悲观"就是这个道理。

"国势之强由于人，人才之成出于学。"未来海洋学院以"厚德博学、勇毅笃行"为院训，积极进取、开拓创新，正大踏步朝着国际海洋领域交叉学科拔尖人才培养的新高地踏浪前行，力争实现拔尖创新人才培养方式从治标到治本的根本性转变，为实现中华民族伟大复兴的中国梦贡献力量。

未来海洋学院"未来之光下午茶"活动合影（2排左4为李建平）

物理海洋学家 李建平

步履不停，初心守护海岸

海岸带地质专家 印萍

科学家简介

印萍，中国地质调查局青岛海洋地质研究所副所长，研究员，博士生导师，海洋地质学专家。1988—1998年在青岛海洋大学（今中国海洋大学）海洋地质专业学习，获海洋地质学学士、硕士和博士学位。1998—1999年赴丹麦根本哈根大学做访问学者，2001—2002年法国海洋开发研究院做博士后。1995—2006年就职于国家海洋局第一海洋研究所，2006年至今在中国地质调查局青岛海洋地质研究所工作。

印萍研究员长期从事海岸带地质环境演化、海岸沉积动力地貌学和海洋地质灾害方面的调查和研究工作，发表论文100余篇。中国地质调查局杰出地质人才，海岸带综合地质调查工程首席科学家，自然资源部首席科学传播专家，生态环境司法鉴定人。先后承担国家自然科学基金项目、国家863项目、科技国际合作项目、科技基础性专项项目、国家重点研发计划、中国东盟海上合作基金、亚洲合作基金、国家海洋专项等项目20余项。

历任十三届全国人大代表，第九届、第十届青岛市政协委员，第十一届、第十二届青岛市政协常委，青岛市侨联委员，全国侨联特聘专家，山东省知联会副会长，青岛市知识分子联谊会副会长等社会职务。荣获青岛市岗位建功女明星、三八红旗手、山东省先进工作者、全国能源化学地质系统大国工匠、国土资源部"十二五"科技与国际合作先进个人等荣誉。

结缘海洋科学研究

成为一名海洋地质工作者，不是偶然，这颗种子早早地就根植在我的童年记忆中。我1971年出生在辽宁省辽阳市南部的一个小山村里，家的四周被高山围绕，推开窗就能看到海拔一千多米的大黑山主峰——天桥峰。传说在天桥峰上有个天然溶洞，能够一直通到东海。在我刚记事儿的时候，全国正在宣传"工业学大庆、农业学大寨"，每天从村头的大喇叭里听到大庆油田"地下石油滚滚"，就对地下的矿藏产生了无限的遐想。有时候听到"呼隆隆"的声音从地下传来，就以为自己的脚下有波涛汹涌的大海，有滚滚的石油。直到多年后，我才知道那"呼隆隆"的声音原来是远处采石场的石头从山头滚落下来的声音。

我生活的辽宁东部山区是我国东北地区的重要矿产资源地，有铁、铅、金、煤、大理石、玉石等多种矿产资源。"文革"后，百废待兴，地质工作者在关键历史时期，及时投入国家的生产建设，开展矿产资源勘查。地质勘探队员是最早走进我们小山村的"山外人"，是我们孩子眼中的"科学家"。我家门面有条山路，每天傍晚勘探队员收队时从山路上走过，背着地质包的身影被夕阳的余晖包围着、晃动着，这个画面至今在我的脑海里还是那么生动。队员背的地质包，有好多好多口袋，让我们小孩子很着迷。有时候他们坐下来休息，就给我们看他们采的矿石。那个呼隆隆的"石油梦"，那个地质队员背着的有好多小口袋的地质包，是我对地质科技工作最稚嫩、最美好的童年记忆。高考时，我报考了青岛海洋大学的海洋地质专业，在海大度过了10年的求学时光。可能因为这些已经根植在童年中的美好记忆，我几乎一下子就喜欢上了这个专业，也成为我长期坚持在地质调查工作一线的动力。

越过高山就是大海

1988 年我进入青岛海洋大学时，我国的海洋科学教育和研究工作方兴未艾。海洋地质不同于传统的地质学，面对着海洋的环境，工作方法远不止于背个锤子、背个地质包满世界跑，需要靠先进的调查船和海洋调查装备。青岛海洋大学的"东方红"号是我国第一艘海洋实习调查船，但我们上船实习的机会还是有限的。没有实地观察的条件，也没有现在三维成像的课件，海洋地质学习对学生的开拓性思维能力和训练要求很高。特别是海洋地貌学、海洋沉积学更侧重地质现象的观察、描述，要求"将今论古"，思维发挥空间大，有很多的未知性，所以我特别感兴趣。研究生时我选择了海岸沉积动力地貌学作为我的研究方向。

海岸带地质调查其实不是一件很容易的事情。早年的野外地质工作条件还是比较艰苦的，我们做海岸带地质调查的时候，要扛着沉重的仪器设备跋涉在海岸上。在砂质海岸和基岩海岸调查时还好，虽然风吹日晒，但可以欣赏美丽的海岸风光。而一到淤泥质海岸，潮水退去，宽平的潮滩一望无际，一脚下去就陷到淤泥中，在潮滩上工作非常困难，还要特别注意涨落潮的时间，涨潮时海水上涨很快，我们必须尽快趁低潮时完成各项工作，对体力是很大的挑战。我在丹麦留学期间，做北海潮滩的泥沙输运监测，一次风暴过后，我一个人到离岸 3 千多米的潮滩中部的观测站去取回沉积物捕获器的样品，因为受风暴潮增水的影响，当我背着十多千克重的样品往回走时，水位比正常的涨潮水位上涨得快，很快就没过膝盖，两个多小时后我回到岸边时，海水已经没过了我的腰。

1998 年我到丹麦根本哈根大学做访问学者，丹麦的地质科学家团队普遍比较小，对科学家的综合素质要求特别高，需要科学研究、野外采集、处理数据和实验分析样样全能，我的导师 Jesper Bartholdy 教授就是这样的全能科学家，对我的影响非常深。我在丹麦的很多科研工作都是一个人独立完成的，除了上面讲的那次潮滩历险，我还有独立完成海岸剖面监测的经历。一个人背着全站仪，骑着摩托车，翻过高高的海岸沙丘，在滩面上设置好全站仪基站，再一个人拿着接收仪沿滩面采集数据和取样，一个人完成通常需要3人小组完成的工作。工作完再一个人回野外基地，一个人下载和处理数据。因为我的研究工作要对风暴过程进行观测，要待在海边的野外基地等风暴过后及时开展监测，好几次风暴来袭的夜晚，我都住在野外基地，听着呼啸的风雨拍打着基地的门窗，在远处港口为航船引航的不断轰鸣的汽笛声中入睡。

这些工作由一个女孩子在异国他乡独自完成，在外人听来可能代表着孤独和艰苦，但我从这些工作中得到了很好的锻炼，也为我后来开展的调查和研究工作打下了很好的基础。在工作中我始终要求自己到一线参与项目调查和科研，这些年，我先后到过20多个国家的海岸，也几乎走遍我国的海岸带，见过丰富的海岸地貌景观，也和团队一起迎着朝阳出发伴着星星收工。辛苦是自然有的，但我从没有想过放弃，因为喜欢，艰苦不是阻碍。越过高山就是大海，野外的艰苦是历练，更是成长，我感到非常幸运，最初的那份热爱一直陪伴着我，激励着我。

地质灾害调查监测 守护平安海岸

我在青岛海洋大学海洋地质专业连续学习10年，硕士阶段师从崔承琦教授，博士阶段师从庄振业教授，两位老师都是我国海岸带地貌学方面的专家。我的硕士和博士论文研究方向是海岸带沉积动力地貌学，重点聚焦我国当时已经凸显的海岸带侵蚀灾害的研究工作。欧洲的荷兰、丹麦等国家是国际上最早遭受全球变化引起的海平面上升影响，海岸侵蚀严重，并开展海岸监测和防护和修复的国家，很多基础理论研究和实践案例都是发端于这些国家。1996 年我通过了国家公派留学生选拔考试，1998 年 8 月博士毕业后到丹麦哥本哈根大学地理学院做访问学者。当时我国海岸带地区的开发工作正进入一个高速发展阶段，而海岸带和河流流域的开发活动和全球变化带来的海岸带环境地质问题和地质灾害也逐渐显露，海岸带开发利用需要更好的地质科学的支撑。哥本哈根大学在海岸侵蚀监测和防护方面的研究有非常好的基础。我带着问题来到丹麦，因为出国前做了充分的准备，所以出国后很快就进入学习和工作状态，在开展海岸带地质演化方面的学习和研究的同时，广泛阅读文献和参加学术交流活动，了解欧洲海岸带地质灾害问题的起因，对国际上刚刚兴起的海岸带综合管理的概念也进行了深入学习。

回国后，我在国家海洋局第一海洋研究所夏东兴研究员的团队开展海岸带地质环境和地质灾害的调查和研究工作，在夏老师的带领下，承担国家"九五"科技攻关项目，针对海岸侵蚀灾害，提出了海岸侵蚀综合分析模式，建立了海岸侵蚀的

评估、预测和预报模型，改进了海岸侵蚀的监测和研究方法，推广到海岸环境评价和海岸带保护和治理工作中。针对当时全国海岸比较严重的海砂滥采造成海岸侵蚀和生态破坏，提出了禁止海滩采砂和海岸整治的建议，推动了全国和地方法规的出台，有效遏制了海砂滥采问题。

后来我调到中国地质调查局青岛海洋地质研究所工作，继续开展海岸带地质环境和地质灾害的调查研究工作，先后在海南、山东、江苏、浙江等地建立了海岸地质灾害监测野外基地，研究工作也从海岸侵蚀延伸到陆架海床侵蚀、海底滑坡和海底浅层气等多种海洋地质灾害。特别是我们围绕杭州湾重大填海工程开展的浅层气地质灾害的调查监测和灾害防控工作，得到了相关管理部门和项目建设方的高度重视，浙江省政府主要领导对相关工作做了重要批示。我们持续跟进项目建设进展，提供全生命周期的监测和灾害防控技术支撑，编制了首部海域浅层气灾害防控的技术规程，推动了项目建设安全防控措施的落地。2019 年中国地质调查局舟山海洋地质灾害野外科学观测研究站正式获得批

准，成为浙江省地质灾害监测网的重要组成部分。

我们在海岸带地质灾害监测和减防灾领域的成果和经验也在支撑服务"一带一路"工作中得到应用和推广，2015年以来我们团队承担了包括"中国－东盟地学合作与减灾防灾"合作项目在内的多项中国－东盟国际合作项目。开展的中国－

2010年印萍在海南开展海岸侵蚀调查

2011年印萍（右一）在日本参加海岸带调查工作

2018 年印萍（二排左一）在柬埔寨开展海岸带地质调查

越南河口三角洲地质演化和地质灾害研究工作，在近年南海周边海洋事务形势复杂的情况下，仍然有效地推进了中越海洋事务交流，服务于国家外交战略需求，项目得到国家领导人的高度重视，成果多次纳入中越两国国家领导人互访的联合声明。

2018 年我带领团队赴柬埔寨西哈努克开展了磅逊湾海岸带地质联合调查，调查完成后成果及时提交柬方，为柬埔寨海岸带开发和环境保护提供科技支撑，也为增进中柬友谊、推动"一带一路"的海洋科技合作写上浓墨重彩的一笔。

科技赋能履职，守护净滩碧海

因为多种原因，长期以来我一直以一名无党派代表人士的身份参与各项社会活动，1998—2017 年，我先后担任第九届、第十届青岛市政协委员，第十一届、第十二届青岛市政协常委，青岛市侨联委员，全国侨联特聘海洋专家，青岛市知识分子联谊会副会长等社会职务，2018 年当选十三届全国人大代表。在这些社会工作中，我立足本职工作，将科研成果转化为履职成果，深入开展调研，积极建言献策，助力国家海洋资源开发和生态环境保护。

十八大以后，党中央高度重视生态文明建设工作，我工作的中国地质调查局将地质调查工作精心服务能源资源保障和生态文明建设作为核心工作目标。我长期从事的海洋和海岸带地质调查工作在新时期也承载重要的新使命。2012年我离开管理岗位回到科研岗位，2016年成为中国地质调查局海岸带综合地质调查工程首席科学家，和科研团队一起积极推动海岸带生态地质环境的调查和研究工作。

2019年"两会"前，我应邀参加最高检组织的"守护海洋"检察公益诉讼推进会，在会议上了解到检察公益诉讼快速发展的形势，以及海洋生态环境公益诉讼"线索发现难、调查取证难、损害鉴定难"等问题。因为长期从事海洋生态环境研究，我敏感地意识到，应该发挥国家公益性海洋调查研究单位的调查科研和检测技术优势，助力海洋公益诉讼工作。会后我主动与检察院沟通，开展调研，在2019年全国人大会议上提交了"科研与司法互动，建立海洋生态环境公益诉讼技术平

2017年印萍（前排左二）在菲律宾出席东亚东南亚政府间地学合作组织年会

2019年印萍在浙江海岸带调查现场

印萍开展司法鉴定案件现场勘验

台"等建议，得到了最高人民检察院、自然资源部、生态环境部的高度重视，在建议的办理过程中，我应邀参加了多次调研活动。同时，我带领科研团队积极开展工作，为江苏省和山东省基层检察院、海警、法院办案团队提供海洋资源和生态环境损害赔偿技术支撑。

在江苏省检察院办理的系列海砂资源和生态环境损害公益诉讼案中，带领科研团队利用现代海洋调查技术手段，精准呈现涉案海区海床破坏情况，精确锁定盗采海砂来源地，科学评估开采量，建立非法开采海砂司法鉴定技术流程和标准，推动多案并案办理，维护国家资源和生态权益。同时，与江苏连云港灌南检察院合作，开展非法开采海砂犯罪链、海砂流入建筑市场安全危害等专题调研，推动灌河流域非法洗砂小码头综合整治工作，打击非法海砂交易活动。提出"加快海砂资源勘查，打击盗采和加强行业监管"代表建议，推动打击海砂盗采整治行动。

在履职调研活动中，我了解到青岛市检察机关办理的一起湿地生态损害公益诉讼案，检察官奔波在行政机关、违规倾倒公司、专家和村民之间，经过30多次现场勘查，10多次专家论证，依然因"这里是否曾经是湿地"的争议而致案件办理推进困难。我带领团队开展现场勘验，调阅卫星遥感资料，及时出具滨海湿地生态环境损害专家意见，出席听证会，推进案件迅速办结。同时，基于团队长期滨海湿地调查和生态修复的科研经验，提出湿地生态异地修复方案建议，得到相关部门的大力支持。经过各方努力和生态修复，涉

海岸带地质专家 印萍

2019 年印萍出席全国人大会议

案区恢复成为"水草丰茂、沙鸥翔集"的河口湿地和旅游景区。这一案例成功入选全国海洋公益诉讼典型案例和山东省政法系统"我为群众办实事"优秀案例。2022年《湿地公约》第十四届缔约方大会在武汉召开之际，最高人民检察院公布了首批湿地保护公益诉讼十大案例，该案例成功入选。

2021 年我们团队获批海洋资源环境司法鉴定中心资质，我也成为一名光荣的生态环境司法鉴定人，当然也就承载了更多的社会责任。我们团队积极探索地质调查支撑服务自然资源和生态环境司法保护工作，先后与最高检技术信息中心、青岛市检察院建立战略合作关系，与山东无棣县、荣成市检察院，江苏灌南县检察院等共建海洋公益诉讼实践基地，为海砂盗采、滨海湿地破坏、危险废弃物非法排放、土地资源破坏等生态环境损害案件提供司法鉴定意见，参与办理的多个案件入选全国公益诉讼典型案例和精品案件。真正做到用科技赋能履职，守护净滩碧海。

我也积极投身科普宣传工作，用更为科普化的方式解读调查研究成果，推动海岸带减灾防灾和生态保护工作，被聘为自然资源部科学传播首席专家。

坚守初心 守望美丽海岸

近年来，我国海洋地质调查装备能力建设不断提升，现代化的科考船、调查装备，特别是遥感、无人机、无人艇等调查设备的发展，大大降低了海岸带调查的难度。但是大自然并没有因为人类科学技术的发展而变得驯服，海洋地质工作还面临着众多的科学挑战，新时期高质量发展对海岸带地质工作提出了更广、更新的工作需求。坚守初心，扎根一线，以更优秀的地质调查成果服务海洋生态文明建设和守护海洋安全，是我们海洋地质工作者的职责使命，也是我的前进动力和快乐源泉。

2019 年印萍（右二）带队在浙江开展海岸带调查

浮标探海，逐梦深蓝

物理海洋学青年专家　陈朝晖

科学家简介

陈朝晖，中国海洋大学教授，博士生导师，物理海洋领域青年专家。中国海洋大学物理海洋教育部重点实验室副主任、中国海洋大学研究生院常务副院长。

作为我国青年海洋科学家，陈朝晖长期奋战在海洋观测研究一线，作为"两洋一海"观测系统建设团队带头人，立足西北太平洋黑潮及其延伸体海区海洋多尺度动力过程及其气候效应研究，持之以恒十余载，带领团队成功研发了我国首套面向中纬度复杂海况的大型浮标观测系统，实现了关键设备国产替代；构建完成了国际上首个黑潮延伸体定点观测系统，突破了多项观测技术的瓶颈，为推进我国深远海海洋观测和仪器研发等方面的发展做出重要贡献。研究成果获国家自然科学二等奖、教育部自然科学一等奖；个人荣获国家杰出青年基金、基金委优秀青年基金、山东省青年科技奖、山东省泰山学者青年专家、国家海洋局海洋领域优秀科技青年等人才奖励和称号。目前担任西北太平洋海洋环流与气候实验国际合作计划气候变化及可预报性组（CLIVAR NPOCE）科学指导委员会委员，国际地转海洋学实时观测阵（Argo 计划）深海 Argo 任务组（Deep Argo Mission Team）成员，中国海洋学会理事，第四届全球海洋观测大会青年委员会主席，基金委共享航次计划第四届指导专家组成员等，致力提升我国的深远海观测能力及国际海洋观测的贡献水平。

陈朝晖在"东方红3"科考船上

结缘海洋科学研究

　　我生长在泰山之麓，从小就对巧夺天工的泰山胜迹如数家珍，而最吸引我的就是玉皇顶峰的望海石。望海石是登岱观日出的绝佳之地，其石形姿峭拔，呈起身探海之势，因此而得名。耳濡目染下，我从小就对海洋存有一份向往，在心底种下了逐梦深蓝的种子。2003年，我如愿考入中国海洋大学，所选专业正是学校的龙头专业海洋科学。儿时梦想的种子在这里遇到了肥沃的土壤，即刻生根发芽破土而出。4年海洋科学专业知识的系统学习，让我对海洋有了较为全面的认识，海洋的深邃壮丽、海洋科学的奥妙神奇愈发让我着迷。

本科毕业之际，对海洋科学的热爱驱使我选择继续深造，延续我的海洋寻梦之旅。我以优异的成绩保送本专业研究生，有幸师从我国物理海洋学领头人之一——吴立新院士，开启了探秘海洋的科研之路。21世纪以来，得益于国家对海洋科学发展的大力投入，海洋科学考察的条件得到了极大的改善和提升，深远海科学考察得以成为现实。学校依托"东方红2"海洋综合调查船这一平台，组织了一系列面向太平洋、印度洋及南海的深海大洋科学考察航次。研究生求学期间，我有幸4次南下热带西太平洋，身临其境的科考体验不仅让我积累了很多宝贵的科考实践经验，更是让我对海洋科学有了更加深刻的感触。令我印象深刻的是，2008年9月我作为科考队员，参加了国家重点基础研究发展计划（973计划）项目的西太平洋考察航次，当船驶向全球气候系统的"心脏"——暖池及其"主动脉"黑潮时，变幻莫测的天气、浩瀚强劲的海流令我惊叹不已。那是我第一次亲身感受到黑潮这支西边界流的强大力量，超越了我在书本、文献中对它的认知。黑潮仿佛一个流动着的磁场，深深地吸引着我去思考、去探索，我也因此将黑潮起源的多时间变化特征及其控制机制确定为我博士论文以至后续开展工作的研究方向。

"因为热爱，所以执着。"科研如同在大海中探索航行，从不是一帆风顺的，但对浩瀚大海的热爱与执着总能给我乘风破浪的决心和勇气。博士毕业后至今十余载的时间，我始终坚持不懈，潜心钻研，围绕上述方向取得了一系列系统性的研究成果。

2008年陈朝晖第一次来到黑潮海域，开展我国首套西太平洋深海潜标的布放工作

浮标探海，逐梦深蓝

- 111 -

鸟欲高飞先振翅

我从本科到博士一直就读于中国海洋大学，是"土生土长"的中国海大人。得益于学校良好的学风师德传承，特别是从2007年起加入吴立新院士团队，在导师的悉心教导和自己的努力钻研下，我的海洋科研之路渐入佳境。

海洋环流之于气候系统就像血液循环之于人体，它将物质和能量在大洋中重新分配，使得气候系统更加稳定。低纬度环流尤其是赤道西太平洋海域像是一个热泵，西太暖池是热源，黑潮是暖气管，它可以将低纬度暖池区的热水输送到日本以南甚至更高纬度的海域。博士期间，我在使用数值模式模拟海洋上层环流的过程中发现了一个有趣的现象：在菲律宾岛的东侧，北赤道流分叉点南北摆动的季节幅度与已有的观测结果不相符，这个现象令我疑惑不已。为解决这一难题，我结合数值模拟和理论推导，经常在实验室计算机前一坐就是一整天。复杂的数学推导、抽象的环流动力学理解、大量的模式模拟结果

解析，每一项对耐心都是极大的考验。苦心人，天不负，在我的不懈坚持下，难关终克，我提出了北赤道流分叉点季节振幅依赖层结强度这一观点，为理解全球变暖背景下西太平洋海洋环流变化提供了理论支撑。就是在对这些考验和困难的一次次"打怪升级"中，我的思考能力和科研水平不断提升，学术研究也便日渐得心应手，在全球低纬度西边界流动力学方面取得了一系列成果，在国际物理海洋学的顶尖期刊上发表了数篇论文，完善了低纬度西边界流环流动力学框架。遇到困难的确会给我带来一定的阻挠，但解决问题的过程伴随着新的积累和学习，在无形中锻炼了我的个人能力，也激发了我攻克更大疑难的斗志。

海洋科学作为一门以观测为基础的学科，不只要"读万卷书"，还要求我们"行万里路"。坐着一艘大船，跨越经纬线，在辽阔无际的太平洋上漂泊，听上去可能是一件像乘坐观光游轮一样惬意的

事。的确，在数十次总计长达 360 天的出海科考经历中，我见过色彩斑斓的飞鱼冲破海面，见过气势磅礴的落日遍洒余晖，见过雨过天晴的彩虹跨越海天，见过成群结队的海豚嬉戏浪尖。海上的见闻确是蔚为壮观，却也令人疲惫不堪。2016 年 3 月，我以航次首席科学家的身份带领 30 余人的科考团队，历时 37 天顺利完成中纬度黑潮延伸体海洋综合调查，实现了我国在该区域首套深水潜标的完整布放与回收。这次出海令我至今难忘。这是我首次作为首席科学家全面负责整个航次的科考任务执行，而首席必须在关键时刻做出决策，这一挑战让我刻骨铭心。

有一晚，在北纬 39 度附近，值班队员在短短 6 海里的距离内观测到了海温将近 12 摄氏度的骤降现象。面对这一超强的海洋锋面，我当机立断：暂停原定涡

2019 年，航次出发前陈朝晖（中）同全体科考队员商讨涡旋观测计划

旋观测计划，立刻开展投弃式温盐深测量仪（XCTD）的加密观测。那晚我们彻夜未眠，全体队员密切分工，时刻盯着电脑屏幕上的温盐曲线，终于在破晓之际捕捉到了这个超强锋面，并在这个区域开展了大量的观测，获取到了锋面两侧从水体到大气的关键数据，为我们理解中纬度锋面尺度海洋过程及其对大气的影响提供了第一手宝贵资料。激动和喜悦的同时，我也意识到了这份责任的重大，并时常回想当时如果做出误判将会造成怎样的损失。有了这次经验之后，我也更加努力地扩展理论背景，以备在关键时刻能够把握全局，做出海上科考的最优决策。

打铁还需自身硬

西北太平洋黑潮延伸体海区一直以来是太平洋周边国家最为关注的区域，但受海区复杂的海洋环境和恶劣的天气条件影响，也是海洋观测数据最为匮乏的区域之一。2014 年以前，只有美国在此海域维持着 1 套大型浮标观测系统，2014 年起，我受命全面负责我国在西北太平洋黑潮延伸体观测系统的构建工作。从那时起，我经常往返奔波于全国各地的科研院所调研交流，组织了数十场学术研讨，以黑潮延伸体特殊的海洋动力过程这一特点为切入点，对其观测系统进行科学合理的顶层设计。

我深刻意识到，海洋科学发展史上的每一次里程碑式的推进都离不开海洋观测设备的改进和探测技术的提高。然而，在过去很长一段时间，甚至延续至当下，我国绝大多数高端海洋仪器都依赖进口，自主研发之路开拓艰难，鲜有人涉足。多年的出海观测经历，也让我切身感受到了高端国产海洋仪器的欠缺是我国海洋事业发展的瓶颈之一，自主研发海洋观测设备的想法逐渐在我心中萌芽。

2017 年在中纬度黑潮延伸体海区布放大型观测浮标的经历令我印象深刻，也成为我开展观测装备自主研发的触发器。当时我们投入重金购置了一套美国制造的浮标系统，由于国内没有相关的技术储备和布放经验，完全由美方"牵着鼻子走"，十分被动。由于黑潮延伸体海区恶劣的海洋环境以及美方所未料及的技术缺陷，浮标布放后出现了一系列的问题，数据持续了仅一周就停止回传，最终只能等到来年的航次将浮标回收，并运回美国请美方专家诊断维修。如此一来耽误了大量的宝贵时间，而我们中国的技术人员仍无法掌握大型浮标系统的核心关键技术。

这次经历让我深刻感受到了海洋观测装备自主研发的重要性。经过与吴立新院士多次沟通探讨，在他的引导和鼓励下，我组建了一支由多位中青年科学家和工程师为核心的海洋观测装备研发团队，开始研制我们中国人自己的中纬度大型浮标观测系统。针对浮标观测系统搭建的诸多技术难题，我带领研发团队多方实地考察，严选技术装备条件过硬的生产车间，与团队成员一起扎根车间现场，从浮标的整体设计、标体的稳性计算、标体材料的选型、锚系系统的结构设计等方方面面，我与团队成员反复尝试和试验，进行了一系列科学改造和技术突破，不断优化浮标系统的诊断、信息实时回传、存储、自动维护与备份等功能。最终，团队仅用不到一年时间研发出了两套面向中纬度复杂海况的大型浮标观测系统，并于 2019 年秋季成功布放在海况更为恶劣的黑潮延伸体主轴及北侧区域。截至 2022 年，该系统

中纬度黑潮延伸体大型浮标观测系统（CKEO）的布放

已经走向了第四代，持续地实时回传该海域海气界面的关键数据，为研究中纬度海气相互作用提供了最为关键的数据支撑。

海洋观测仪器研发是一项系统工程，从立项、设计、制作、样机的湖试和海试，到最后推向深海大洋，各个环节紧密相扣，缺一不可，都需要投入大量的精力和心血，克服随时出现的节点难关和技术障碍。仪器研发也不同于海洋科学的基础研究，需要多学科甚至是跨行业的协同合作，需要协调学科和行业之间的差异，尽可能地融会贯通，这其中面临着各种未知的难题和挑战。从 2015 年第一个 6000 米级深海潜标系统的成功布放，到 2019 年两套大型观测浮标系统的稳定运行，累积上百天的海上奋战，经历了无数个不眠不休的日日夜夜，黑潮延伸体浮潜标定点观测系统终于在 2020 年初具雏形，填补了我国在西北太平洋中纬度长期连续观测的空白，打破了美、日两国在中纬度西北太平洋海洋观测的垄断地位，提升了我国在"两洋一海"关键海区的深海长期观测能力。在 2021 至 2025 年的新阶段，该系统将更加注重海洋多学科观测，用以研究海洋碳循环、物理/生物过程的多尺度耦合、海洋能量级联和气候效应等海洋领域的前沿问题。

陈朝晖在深海潜标布放前加固主浮体上的观测设备

陈朝晖（右）与"东方红 3"船的蒋六甲船长在回收的 CKEO 浮标前合影

百尺竿头思更进

除了带领团队进行大型浮标观测系统的自主研发，我还积极投入深海 Argo 浮标的自主研发，在全球 Argo 计划中发出中国声音。发起于 21 世纪初的全球 Argo 计划是当前最为成功的全球海洋观测系统之一，通过提供海洋深层温盐剖面数据，有效提高了全球海洋/气候业务化预测预报的精度。随着人们对海洋的认识逐渐加深，科学研究对 Argo 的需求也更加全面，包括生物地球化学要素剖面的获取、2000 米以下深海温盐剖面数据的获取等。2021 年 10 月，由 Argo 向全球、全水深和多学科综合性观测网拓展的"OneArgo"行动计划正式获得联合国海洋十年的批准，目的是建成一个由 4700 个 Argo 浮标组成的新一代 Argo 观测网，包括常规的 Core Argo、能观测深海的 Deep Argo（深海自持式剖面观测浮标）和包含生物地球化学要素的 BGC Argo（生物地球化学剖面浮标。）

由于深海的巨大压力，Deep Argo 的研发对材料、技术都有非常高的要求，难度较大，想要保证数据的准确性，更是难上加难。从 2010 年开始，美国、日本、法国等发达国家已陆续发展新型深海浮标技术，实现了批量化示范应用，并持续保持着引领国际 Deep Argo 计划的态势。为了弥补我国的技术空白，青岛海洋科学与技术国家实验室在 2016 年启动"问海计划"，旨在推进深海 Argo 浮标国产化。作为"问海计划"的首席科学家，我带领团队开展技术攻关，首次突破了 50MPa 高压下的技术瓶颈，研制出了国内第一型具备 100 个自动剖面工作能力的 4000 米级深海 Argo 浮标，使我国成为世界上第四个掌握深海剖面观测技术的国家，并在西太平洋初步建立了深海 Argo 浮标观测网。

工在"利其器"后，"善其事"就不那么困难了。我们利用了深海 Argo 浮标获取的数据进行了一系列围绕深海增温的研究，发现强烈的内波会极大地影响深海温度，引起高达 7m℃的温度波动，可能产生"虚假的增温",这一发现为全球 Deep Argo 计划的实施提供了重要的观测支撑,也是我国首个基于自主研制的 Deep Argo 数据所取得的研究成果。

4000 米级深海 Argo 浮标的诞生及科学布放已初步实现了我国 Deep Argo "线"的观测,但目前依然存在两个重要的问题。一是在产品化及技术成熟度方面,国产深海 Argo 浮标与美、法等发达国家的产品存在一定的差距;二就是国产深海 Argo 浮标还没有实现以"线"带"面",形成系统的观测网。为了在国际新一轮 Deep Argo 计划中紧追发达国家,我们在 2022 年成功研制了 6000 米级深海 Argo 浮标,经过团队多次商讨,最终决定以我国古代四大神兽之一——"玄武"为该浮标命名。玄武是我国的水生神兽图腾,以此命名希望"玄武"能长久稳定地探索深海,为认识深海变化贡献中国智慧,发出中国声音。2022 年 7 月 24 日,首套"深

陈朝晖与深海 Argo 浮标样机布放之前的合影

海玄武"浮标在菲律宾海盆成功布放，并于 8 月 18 日上传了首个 6000 米级剖面观测数据。截至目前浮标运行良好，数据经中国 Argo 资料中心质控后准实时提交并参与国际共享与交换。

在认知海洋、逐梦深蓝的角逐中，中国已经崭露头角，为世界深海研究积极贡献自己的力量，在我看来这种发展渐入佳境，方兴未艾。为了实现 Deep Argo 以"线"带"面"的系统观测，我将继续致力于我国深海 Argo 区域观测网的建设，

力争到 2024 年，建成至少由 60 台国产浮标组成的深海 Argo 区域观测网，筑牢我国作为全球 Deep Argo 计划重要贡献国的地位。

中国的海洋科研正在经历从无到有，从跟跑、并跑到领跑的发展历程。作为参与者，我从一点一滴做起，积极搭建观测和数据共享平台，更好地服务全人类。我愿化身浩瀚大海中的一朵浪花，尽微薄之力，助力我们势不可挡的海洋强国之梦，乘风破浪驶向深蓝！

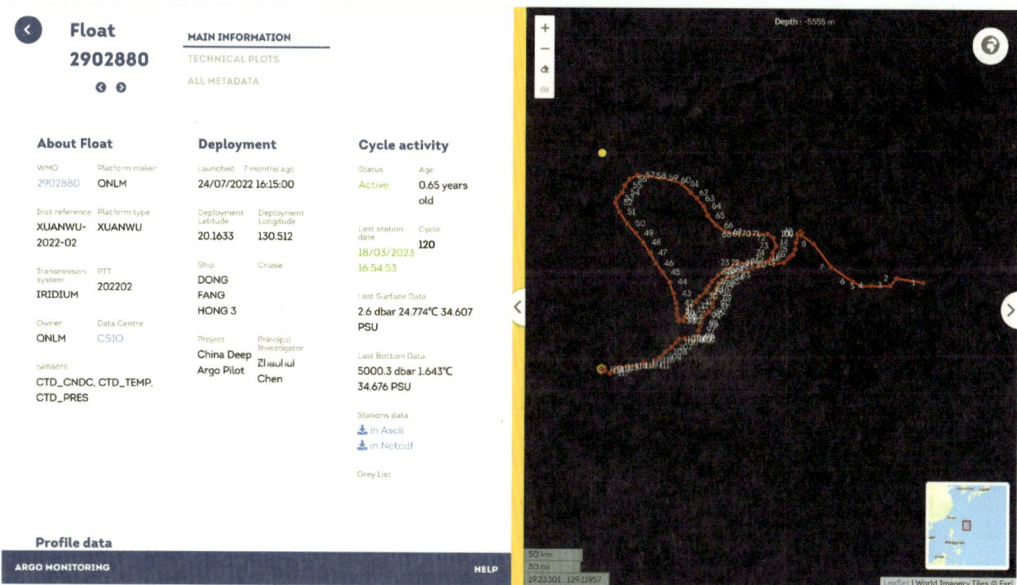

我国首套参与国际共享的深海 Argo 浮标"深海玄武"
（https://fleetmonitoring.euro-argo.eu/float/2902880）

重写海洋生命密码的"基因手术刀"

海洋生物学青年科学工作者 张琳琳

个人简介

张琳琳，中国科学院海洋研究所研究员，博士生导师。2003 年在中国海洋大学获得水产养殖学学士学位。2012 年在中国科学院海洋研究所获得水产养殖学博士学位，期间获中科院院长奖，获评山东省优秀博士论文。毕业后在美国霍华德·休斯医学研究所、康奈尔大学、佛罗里达大学从事博士后研究。2019 年至今于中国科学院海洋研究所任责任研究员。兼任贝类学会委员、底栖生物学会委员、4 个国际 SCI 期刊／国内优秀期刊编委等。主持国家自然科学基金等课题十余项。获美国国家科学院院刊 Cozzarelli 奖（排名第 1）和山东省自然科学二等奖（排名第 4）。以第一或通讯作者（含共同）发表 *Nature*、*Nature Communications* 和 *PNAS* 封面论文等。

张琳琳致力于研究进化发育基因组学与生物海洋学的交叉学科，结合海洋生物调查、实验海洋生物学和大数据挖掘等手段，以生物多样性丰富的海洋冠轮动物为研究对象，研究海洋动物演化和环境适应领域的一系列经典问题。这些研究帮助人们了解丰富多彩的海洋生物多样性，不仅具有重要的进化发育生物学和生态进化生物学意义，而且为海洋生态系统保护和海洋生物资源的利用提供理论基础。

结缘海洋科学研究

我出生并成长于一座叫蒙山的大山背面。小的时候，得益于父母给予充分的自由，我得以在大山里畅游，在小溪里嬉戏。和大自然的亲密接触，让我对千姿百态的生物充满了好奇。记得很小的时候曾追问父母，为什么鱼儿是在水中游泳，但蚂蚁成群结队地在山里爬行。2003 年在我报考高考志愿的时候，电视媒体中常有报道 21 世纪是海洋的世纪。带着对万千生物的好奇以及对海洋的向往，大学我进入中国海洋大学水产学院的水产养殖系学习。

在进入大学的第一堂课上，水产养殖系的系主任骄傲地介绍说海大的水产养殖学专业是全亚洲最好的。带着这一份独有的自豪，大二暑假我申请并获得本科生创新训练项目的资助，从而进入水产学院的营养与饲料实验室跟随艾庆辉教授做科研，从事的是鲈鱼诱食剂的研究。这是我第一次接触科研项目，便瞬间着迷于此，点燃了我探索十万个为什么的乐趣。本科学习结束之后，我报考了中国科学院海洋

研究所的研究生，机缘巧合下，进入海洋研究所贝类遗传育种学家张国范研究员的实验室。如果说艾庆辉教授启蒙了我对科研的兴趣，那么张国范研究员则赋予我对科研的无限热情，使我认定了以科研为今后职业发展目标的决心。当时，基因组学刚刚兴起，张国范老师实验室迎难而上，启动了世界大宗养殖贝类牡蛎的基因组测序项目，我幸运地进入这个项目。张国范老师给予我充分的信任和教导，经过 6 年的披荆斩棘，我们完成了这个项目，并在国际权威期刊 *Nature* 上发表了这个工作。经过在张国范老师实验室 6 年的科研训练，我对生物的环境适应机制产生了浓厚的兴趣，但那时缺乏对水产生物功能基因深入研究的手段和工具，我决定申请国外的博士后从事非模式生物的基因功能研究。几经周折，2014 年我来到了位于美国纽约州的美丽小城伊萨卡（Ithaca），加入了康奈尔大学生态与进化生物学系 Robert Reed 教授的实验室，从事昆虫进化发育生物学的研究。我的博士后合作导

师 Reed 教授是我见过最聪明的人之一，他总是有对科研的无限热情、独特见解和乐观的态度。在结束近 6 年的海外博士后生涯之后，2019 年我重新回到了海洋科学领域，在中国科学院海洋研究所成立研究组，结合博士后时期的进化生物和研究生时期的海洋生物学的科研训练，从事海洋生物演化与环境适应的研究。成立研究组至今已 4 年，我和研究组的小伙伴们在解码海洋生物的奥秘中不断前行。

"SMART，HARD WORK，LUCKY" 是科研成功的秘诀

时光回溯到 2014 年秋天，当时我已经加入康奈尔大学 Reed 实验室近 1 年的时间了，但科研不见起色，有些焦虑。我的课题是借助新兴起的 CRISPR/Cas9 基因编辑技术研究蝴蝶翅膀图案色彩演化的超级基因。基因编辑技术是一个非常有力的工具，届时已经在模式动物果蝇等物种中得以实现，我在蝴蝶中开发这项技术近 1 年，却未见突破，陷入了不停地喂养蝴蝶，基因操作实验，却始终得不到阳性结果的循环往复中，处在放弃的边缘。我的导师 Bob 看到我每日带着冰盒穿梭于数个实验室做实验，情绪一天比一天低

2016 年张琳琳在美国康奈尔大学

落。一日，Bob 在我等电梯的时候喊住了我，问我最近实验进展，我无奈地摇了摇头，说："No lucky！"Bob 跟我说："做了数十年的科研了，知道怎么才会 lucky 吗？"在我饶有兴趣的追问下，Bob 说到，科研要想成功，离不开三样东西，smart、hard work 和 lucky。第一步是能先别人领悟领域的最值得攻关的方向研究，第二步是紧咬这个方向不断努力，在每次努力成功概率既定的情况下，努力的次数越多，就越能够幸运、得到成功。我听到之后恍然大悟，继续不断调整实验参数，果然在几周后取得了重要进展。

一个周末的早上，我像往常一样喂养敲除了红色图案决定基因的蝴蝶，突然看到一只蝴蝶正在从蛹中挣扎着破茧而出，它正在自由地舒展着翅膀，翅膀几分钟内就从指甲盖大小伸展到 7～8 厘米长。我从来没有见过这样的蝴蝶，它的翅膀闪耀着类似金属摇滚色般的银色和黑色光泽，异常有魅力。我顿时欣喜地跳了起来，这个瞬间我知道经过近一年的摸索，我的实验成功了。未处理的蝴蝶翅膀是鲜艳的红色，而当我敲除掉了一个决定红色图案的

超级基因后，这只蝴蝶翅膀丢失了大部分的红色，只剩下了银色和黑色。当我把这只"lucky"蝴蝶拿给 Reed 教授看的时候，他高兴极了，开玩笑道："你知道吗？你应该把这只蝴蝶卖给蝴蝶收藏爱好者，我打赌它肯定值 1000 美金以上。"我们后来在美国国家科学院院刊上发表了这只"lucky"蝴蝶的图片和相应的实验结果，相关工作受到国内外同行的一致好评，还获得了一个重要奖项。后来，我对这个实验进行复盘，发现近一年我实验一直未有进展的主要原因是我敲除的实际上是一个致死基因，我之前敲除的效率太高了，所以有表型缺陷的蝴蝶大多都因为发育畸形死掉了，活下来的多是基因编辑不成功的个体。基于这个结论，我进一步拓展，开发了在非模式动物中研究基因功能的镶嵌性突变的方法，可以快速准确地在非模式动物的敲除当代中研究基因功能，该技术后来被领域的学者在多种物种中应用。

因为在 Reed 实验室发表了数篇代表性论文，我获得了中国科学院海洋研究所的录用，他们希望我能够加入海洋所并成

2018 年 LUCKY 蝴蝶工作获得 Cozzareli 奖（右二为张琳琳）

立自己的实验室。我对此十分纠结，一方面我已经在昆虫进化生物学中做出来一定的成绩，沿着这个方向，有信心短期内继续把这个课题做出不错的进展；另一方面我也明白，我内心还对海洋科学有割舍不掉的情感，海洋生物领域功能基因的研究相对薄弱，虽然难度非常大，但成长空间也大。带着这份困惑，我询问了 Reed 教授，如何选择自己研究组的方向。Reed 教授并没有直接回答我的问题，反而说道："我们做科研，是要永远知道别人感兴趣什么，但更重要的是，要明白自己感兴趣什么，从一定程度上将自己感兴趣的方向与领域内的潮流结合起来。"之后我仔细思索，不得不赞同这句话确实是最简单、直接的灵丹妙药，从而决定接受海洋研究所的录用，回国成立研究组，从事海洋生物演化、环境适应和基因资源利用的研究。现在我们研究组在这个领域内还处于摸索阶段，但我相信只要能够坚守自己感兴趣的方向，并将之与领域的发展趋势相结合，总会有所收获。

海洋生物学青年科学工作者 张琳琳

做海洋生物基因的外科医生

怀着对海洋割舍不断地热爱，我的研究结合了进化生物学以及海洋生物学领域的科研训练，主攻海洋生物演化与环境适应研究。

我国有漫长的海岸线和大陆架，在其中分布着千姿百态的生物。我希望能够做海洋生物基因的外科医生，通过对我国沿海动物基因的深入解析，明确这些基因的功能，并期望将这些基因资源加以利用。实验室目前在做的一个项目包括海洋生物的再生演化。我们人类的再生能力有限，仅有肝脏、指甲、头发等器官具有有限的再生能力。相比人类，很多海洋生物具有较强的再生能力，比如，有"海底蚯蚓"之称的多毛类，在身体被切除成两个部分的情况下可以再生出头部和外部，发育成两条个体。更为神奇的是，在长期的演化过程中，有些多毛类丢失了头部再生的能力，而有些多毛类则丢失了头部和尾部再生的能力。在我们课题组便培养着这样海

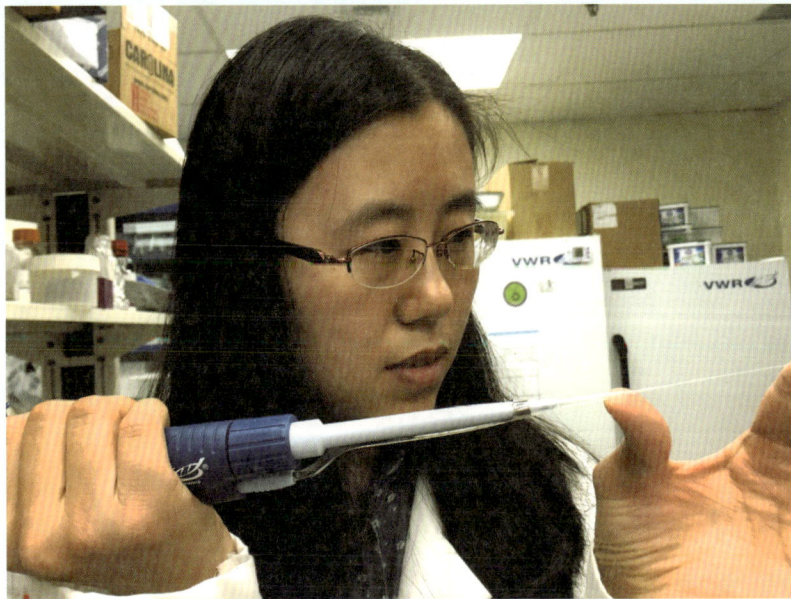

张琳琳在做显微注射前准备工作

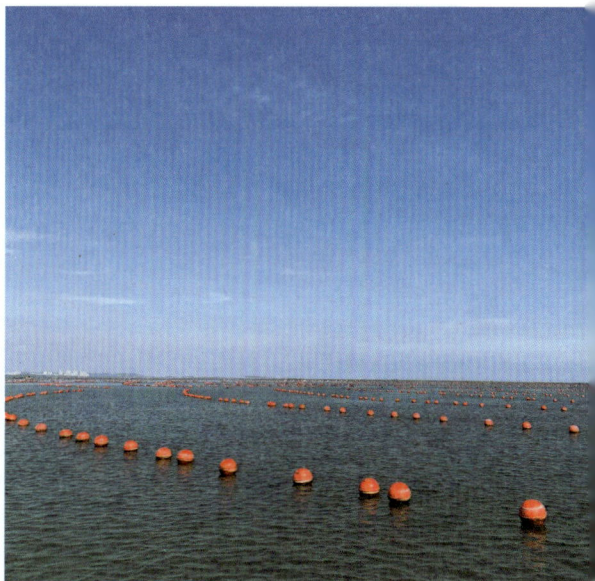

洋蚯蚓。我们首选借助比较功能基因组学的方法筛选再生演化的关键基因，更为重要的是，我们期望能够成为其基因的外科医生，借助基因编辑的方法挖掘再生相关的基因资源并加以利用。

另外一个有意思的例子是在深海海洋生物基因资源挖掘利用方面的研究。海洋所我国最先进的综合性科考船"科学"号，曾多次执行深海科考任务。所以回到海洋所这个平台之后，我的下一站便成了星辰大海。我有幸参加了海洋所组织的南海冷泉科考任务，得以登上"科学"号科

考船，徜徉在无垠的大海上。这次科学考察，我看到了最美的夕阳、最美的夜空，当然更重要的是对心灵的洗涤。在海上，远离了平日的喧嚣，仅保留了对科研本身的敬畏。深海具有高压、低温、寡营养等独特的环境，我们希望通过对深海物种的认知，挖掘其独特的基因资源，解密生物适应深海环境背后的机制。夜深人静的时候，我常在想，是否正如流行歌曲《星辰大海》里面的歌词："会不会我们的爱，像星辰守护大海？"我想答案自然是肯定的。

海洋生物学青年科学工作者 张琳琳

图书在版编目（CIP）数据

海洋科学家手记 . 第三辑 / 刘文菁，王沛主编 . ——
青岛 ：中国海洋大学出版社，2022.11（2023.05 重印）
ISBN 978-7-5670-3364-1

Ⅰ . ①海… Ⅱ . ①刘… ②王… Ⅲ . ①海洋学－青少
年读物 Ⅳ . ① P7-49

中国版本图书馆 CIP 数据核字 (2022) 第 244560 号

海洋科学家手记（第三辑）　　HAIYANG KEXUEJIA SHOUJI（DISANJI）

出版发行	中国海洋大学出版社有限公司	网　　址	http://pub.ouc.edu.cn
社　　址	青岛市香港东路23号	订购电话	0532 – 82032573（传真）
出 版 人	刘文菁	邮政编码	266071
责任编辑	赵孟欣	电子信箱	2627654282@qq.com
装帧设计	王谦妮	电　　话	0532-85901092
印　　制	青岛海蓝印刷有限责任公司	成品尺寸	185 mm × 225 mm
版　　次	2022年11月第1版	印　　张	8.75
印　　次	2023年5月第2次印刷	印　　数	1001～3000
字　　数	160千	定　　价	59.00元

发现印装质量问题，请致电0532-88785354，由印刷厂负责调换。